CATALOGUE

DE LA

BIBLIOTHÈQUE
de M. Ch.-Ed. HAVILAND

—

Première partie

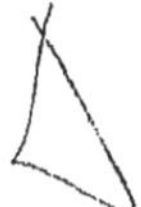

LA VENTE AURA LIEU

du Lundi 9 au Jeudi 12 Avril 1923

à deux heures précises de l'après-midi

HOTEL des COMMISSAIRES-PRISEURS, 9, Rue Drouot

Salle N° 8

Par le Ministère de

Me LAIR-DUBREUIL COMMISSAIRE-PRISEUR 6, rue Favart	**Me HENRI BAUDOIN** COMMISSEUR-PRISEUR 10, de la Grange-Batelière

Assistés de MM.

CH. BOSSE LIBRAIRE-EXPERT **Succr de A DUREL** 16-18, rue de l'Ancienne-Comédie	**L. GIRAUD-BADIN** Libraire de la Bibliothèque Nationale **Succr de H. LECLERC** 219 rue Saint-Honoré

EXPOSITION

Les Livres pourront être examinés
jusqu'au 24 MARS inclus
à la Librairie CH. BOSSE,
et du 27 MARS au 4 AVRIL inclus
à la Librairie L. GIRAUD-BADIN.

Voir l'ordre des Vacations au verso du titre

CONDITIONS DE LA VENTE

La vente se fera au comptant.

Les acquéreurs paieront 12,50 pour 100 en sus des enchères pour les livres qui pourront être classés comme n'étant pas de luxe, et 17,50 pour 100 pour les livres dits de luxe ou pouvant être assimilés à cette catégorie.

Les livres devront être collationnés dans les vingt-quatre heures de l'adjudication. Passé ce délai, ils ne seront repris pour aucune cause.

MM. Ch. BOSSE et L. GIRAUD-BADIN, chargés de la vente, rempliront, aux conditions d'usage, les commissions des Personnes qui ne pourraient y assister.

MM. Ch. BOSSE et L. GIRAUD-BADIN, se réservent la faculté, dans l'intérêt de la vente, de réunir ou de diviser les numéros du Catalogue.

CATALOGUE

DE LA

BIBLIOTHÈQUE

de M. Ch.-Ed. HAVILAND

LIVRES des XVe et XVIe siècles
la plupart ornés de gravures sur bois

HEURES GOTHIQUES

ŒUVRES D'ALBERT DURER ET DU PETIT BERNARD

EDITIONS ORIGINALES
des grands écrivains français du XVIIe siècle

EDITIONS ELZÉVIRIENNES

LIVRES A FIGURES DU XVIIIe SIÈCLE

RICHES RELIURES DE TOUTES LES ÉPOQUES

PARIS

CH. BOSSE
LIBRAIRE-EXPERT
Successeur de A. DUREL
16-18, rue de l'Ancienne Comédie

L. GIRAUD-BADIN
Libraire de la Bibliothèque Nationale
Successeur de H. LECLERC
219 rue St-Honoré

1923

ORDRE DES VACATIONS

Première Vacation. — **Lundi 9 Avril**

Numéros	383 à 468
—	350 à 382
—	346 à 349

Deuxième Vacation. — **Mardi 10 Avril**

Numéros	237 à 256
—	258 à 295
—	300 à 316
—	319 à 345
—	257
—	296 à 299
—	317-318

Troisième Vacation. — **Mercredi 11 Avril**

Numéros	119 à 153
—	210 à 236
—	154 à 209

Quatrième Vacation. — **Jeudi 12 Avril**

Numéros	65 à 118
—	43 à 64
—	1 à 42

I. Livres des XVe et XVIe siècles

Heures imprimées sur vélin
Livres ornés de gravures sur bois
Recueil d'emblèmes
Œuvres d'Albert Dürer et du Petit Bernard

1. **Alamanni** (L.). La Coltivatione di Luigi Alamanni al christianissimo Re Francesco primo. *Stampati in Parigi da Ruberto Stephano*, 1546 ; pet. in-4, mar. brun, dos orné de trèfles et fers azurés, semis de trèfles sur les plats, milieux et angles ornés d'entrelacs sur fond azuré, dent. int., tr. dor. (*Bedford*).

   Edition originale, imprimée par Robert Estienne, de ce poème en vers libres, imité des Géorgiques, qui est considéré comme le chef-d'œuvre d'Alamanni.

   Très bel exemplaire réglé, avec les 2 feuillets de l'épitre à *Madama la Dalphina* et, à la fin, la page d'errata et les 2 ff. du privilège de François Ier qui manquent dans certains exemplaires.

   Superbe reliure dans le style du XVIe siècle, exécutée par Bedford.

   Ex-libris Robert Hoe.

2. **Alciat** (André). Alciati ad D. Chonradum Peutingerum Augustanum, jurisconsultum Emblematum liber. *S. l.*, MDXXXI (1531). [In fine :] *Excusum Augustae Vindelicorum per Heynricum Steynerum die 28 februarij, anno* M.D.XXXI ; pet. in-8 de 43 ff. non chiff. et 1 f. blanc, mar. vert à long grain, dos orné, fil. sur les plats, tr. dor. (*Rel. mod.*).

   Edition très peu connue, dit Brunet, et qui serait la première édition de ce recueil, celle de 1522, de Milan, citée par Brunet, étant, suivant Green imaginaire.

   Elle est ornée de 1 titre-frontispice et de 104 curieuses figures d'emblèmes gravées sur bois, attribués à *Hans Weyditz*.

   Ex-libris Robert Hoe.

3. **Alciat** (André). Andreae Alciati Emblematum libellus. *Parisiis, Christianus Wechelus*, 1534 ; pet. in-8 de 119 pp., mar. brun jans., large dent. int., tr. dor. (*Trautz-Bauzonnet*).

Première édition des *Emblèmes* d'Alciat imprimée en France, plus complète que l'édition milanaise de 1522. Très rare. Elle contient 116 jolies figures d'emblèmes gravées sur bois.

Bel exemplaire à grandes marges, dans une jolie reliure de Tra tz-Bauzonnet.

Ex-libris Robert Hoe.

4. **Alciat** (André). Andreae Alciati Emblematum libellus. *Parisiis, ex officina Christiani Wecheli*, 1535 ; in-8 de 119 pp., avec la marque de Wechel sur le titre et au verso du dernier feuillet, mar. rouge, dos orné aux petits fers, comp. de fil. à la Du Seuil avec fleurons aux angles, sur les plats, dent. int., tr. dor. (*Club Bindery*).

Jolie édition ornée de 113 figures d'emblèmes gravées sur bois, accompagnées d'un texte en vers latins, imprimé en caractères italiques.

Très bel exemplaire grand de marges, contenant les figures en belles épreuves, dans une jolie reliure du Club Bindery.

Ex-libris Robert Hoe.

5. **Apulée** (L.). Luc Apulée de l'Ane d'ore (*sic*) XI livres. Traduit en Frâçois par I. Louveau d'Orléans, et mis par chapitres et sômaires, avec une table en fin. Plus y a sus les 4. 5. 6. livres traitês de l'amour de Cupido et de Psiches, XXXII huictains, mis en leur lieu, traduitz sus d'autres qui ont esté trouvez taillez en cuivre en langue italique. *A Paris, par Claude Micard, rue S. Jean de Latrâ, au Loup*, 1570 ; in-16, mar. rouge jans., dent. int., tr. dor. (*Motte*).

Edition rare, contenant les vers de Jean Maugin, dit *le Petit Angevin*, insérés dans la traduction de Jean Louveau. Elle est ornée d'un titre frontispice et de charmantes figures sur bois, à mi-page, par *Bernard Salomon* dit le *Petit Bernard*.

Très bel exemplaire.

6. **Apulée** (L.). Lamovr de Cvpido et de Psiché mere de Volvpté, prise des cinq et sixiesme liures de la Metamorphose de Lucius Apuleius philosophe, nouvellement historiée et exposée en vers françois (par Jean Maugin). *S. l. n. d.* (1586) ; pet. in-4, mar. vert, dos orné aux petits fers, pièce de titre rouge, comp. de fil. et dent., dent. int., doubl. et gardes de papier rose, tr. dor. (*Rel. anc.*).

Recueil bien complet du titre frontispice et des 32 compositions gravées sur cuivre par *Léonard Gaultier* d'après *Raphaël*. Chaque planche, montée sur papier de Hollande, est entourée d'un double filet peint en rouge et vert.

Très jolie reliure de Bradel-Derome.

Ex-libris Robert Hoe.

7. [**Belleforest** (François de]). L'Innocence de la tres illustre, tres chaste, et debonnaire Princesse, Madame Marie Royne d'Escosse. Ou sont amplement refutées les calomnies faulces, et impositions

iniques, publiées par un livre [de G. Buchanan] secrettement divulgué en France, l'an 1572, touchant tant la mort du seigneur d'Arley, son espoux, que autres crimes, dont elle est faulcement accusée. *S. l.* (*Paris*), 1572 ; 2 part. en 1 vol. pet. in-8, portr., mar. citron, dos orné de motifs de fleurs en médaillons, 4 fil. sur les plats, dent. int., tr. dor. (*Trautz-Bauzonnet*).

Réfutation attribuée par La Croix du Maine à F. DE BELLEFOREST de l'ouvrage de Buchanan traduit par Camuz, avocat protestant, sous le titre de : *Histoire de Marie royne d'Ecosse touchant la conjuration contre le Roy*, 1572.

Bel exemplaire grand de marges, contenant les 2 feuillets d'errata qui manquent presque toujours, avec un joli portrait de Marie Stuart, gravé, ajouté.

Ex-libris Robert Hoe.

8. **Belon** (Pierre). Les observations de plusieurs singularitez et choses memorables, trouvées en Grèce, Asie, Iudée, Egypte, Arabie, et autres pays estranges... *En Anvers, chez Jean Steelsius, à l'escu de Bourgoigne*, 1555 ; in-8 de 8 ff. prélim., 375 ff. chiff. et 32 ff. non chiff. pour le privilège et la table, ais recouverts de peau de truie rose, comp. de fil., angles et milieux ornés d'arabesques et volutes dor. (*Rel. de l'époque*).

Edition recherchée pour ses curieuses figures sur bois : costumes, animaux, plantes, tirées dans le texte, sauf une planche repliée représentant le Mont Sinaï. Très rare avec la table des matières qui ne se trouve pas dans les autres éditions.

Belle reliure du XVIe siècle.

Ex-libris Robert Hoe.

9. **Béroalde de Verville.** Le Tableau des Riches Inventions couvertes du voile des feintes amoureuses, qui sont représentées dans le songe de Poliphile dévoilées des ombres du songe et subtilement exposées, par Béroalde. *A Paris, chez Mathieu Guillemot*, 1600 ; in-4, mar. vert, dos orné, comp. de fil. à froid et dentelle de volutes feuillagées dor., sur les plats, 3 fil. int., tr. dor. (*Thompson*).

Edition du *Songe de Poliphile* donnée par Béroalde de Verville, ornée d'un superbe titre-frontispice gravé sur cuivre et de jolies et nombreuses figures sur bois, dont beaucoup à pleine page Bel exemplaire avec la figure du *Sacrifice à Priape* et les autres sujets analogues en parfait état, dans une jolie reliure de Thompson.

10. **Bocchius** (A.). Achillis Bocchii Bonon. Symbolicorum Qvæstionum de uniuerso genere quas serio ludebat libri quinque... *Bononiæ, in ædibus Novæ Academiæ Bocchianæ*, 1555 ; pet. in-4, mar. brun jans., large dent. int., tr. dor. (*Chambolle-Duru*).

Le plus célèbre ouvrage de l'humaniste italien Achille Bocchi.

ÉDITION ORIGINALE, très recherchée pour les belles figures d'emblèmes de *Jules Bonasoni*, faites à l'imitation de Marc-Antoine et retouchées par *Augustin Carrache*.

Le volume se compose d'une figure allégorique, gravée sur bois et de 148 figures emblématiques en taille-douce ; l'une d'elles, particulièrement curieuse, représente un instrument de supplice analogue à la guillotine (f° 37). Rare.

Bel exemplaire dans une jolie reliure de Chambolle-Duru.

Ex-libris Robert Hoe.

11. **BRANDT** (Séb.). **Stultifera navis.** Narragonice perfectionis nunq. satis laudata navis : per Sebastianû Brant : vernaculo vulgariq. sermone et rhythmo... nup. fabricata. Atq. jampridem per Jacobum Locher cognomêto Philomusum : Suquû : in latinû traducta eloquiû : et per Sebastianû Brant : denuo seduloq. revisa et nova qdâ exactaq. emendatôe elimata : atq. sup. additis qbusdâ novis admirâdisq. fatuor. generibus suppleta : foelici exorditur principio. 1497. (In fine :).... *In urbe Basiliensi nup opa et pmotione Johânis Bergman de Olpe anno MCCCCXCVII Kl. Augusti* ; pet. in-4 de 159 ff., dont les 3 dern. pour la table, mar. rouge, dos orné aux petits fers, fil. sur les plats, large dent. int., tr. dor. (*Trautz-Bauzonnet*).

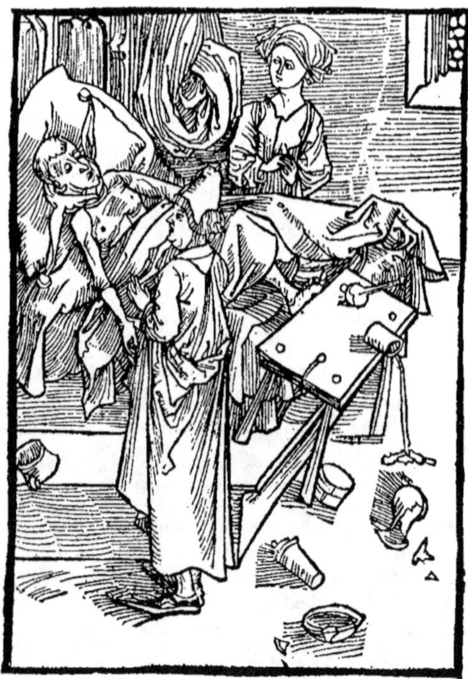

Seconde édition de la *Nef des Fous* publiée à Bâle, 4 mois après la première ; elle est augmentée d'environ 20 pièces nouvelles et contient 117 figures satiriques, sur bois, d'un style et d'une expression remarquables ; on y trouve des scènes de mœurs et des décors (intérieurs, rues, etc.) très curieux pour l'étude de la société et de l'art au XVe siècle. A signaler, au f° 76 v°, une allusion à la découverte de l'Amérique (Hain-Copinger, n° 3750).

Bel exemplaire grand de marges, dans une jolie reliure de Trautz-Bauzonnet.

Ex libris Robert Hoe.

12. **Boissard** (J.-J.). Dionysii Lebei-Batillii regii mediomatricû praesidis Emblemata. Emblemata a Jano Jac. Boissardo Vesuntino delineata sunt. Et a Theodora de Bry sculpta et nunc recens in lucem edita. *Francofurti ad Moenû*, 1596 ; in-4 de 73 ff. non chiff., sign. *A-S* par 4, mar. rouge jans., dent. int., tr. dor. (*Chambolle-Duru*).

Très beau livre d'emblèmes, contenant un titre-frontispice, un portrait de Lebey de Batilly, auteur des légendes en vers et en prose de ces emblèmes, et 63 figures à mi-page, gravées sur cuivre par *Th. de Bry* d'après *Boissard*.

Denis Lebey de Batilly, né à Troyes en 1551, fut maître des requêtes du duc d'Anjou. S'étant retiré à Montbéliard, il dut quitter cette ville et se fixa à Metz, où il occupa les fonctions de président de la justice et où il mourut en 1607.

Bel exemplaire grand de marges, dans une jolie reliure de Chambolle-Duru.

Ex libris Robert Hoe.

13. **Bref et sommaire** recueil de ce qui a esté faict, et de l'ordre tenü : a la ioyeuse et triumphante Entrée de tres-puissant, tres-magnanime et tres-chrestien Prince Charles IX. de ce nom Roy de France, en sa bonne ville et cité de Paris... le mardy sixiesme iour de Mars. Avec le couronnement de... Madame Elizabet d'Austriche son espouse... et l'entrée de ladicte dame en icelle ville le jeudi xxix. dudict mois de Mars 1571 (par S. Bouquet). *A Paris, de l'impr. de Denis du Pré, pour Olivier Codoré....*, 1572. — C'est l'ordre et forme qui a esté tenu au sacre et couronnement de tres-haute princesse Madame Elizabet d'Austriche, Roine de France : faict en l'église de l'Abbaie sainct Denis en France, le 25e iour de mars 1571. *Ibid., id.*, 1571. — Congratulation de la paix faite par sa Majesté entre ses subiectz l'unziesme iour d'Aoust 1570 (avec titre latin), par Est. Pasquier. (*Paris*), 1570 ; 10 ff. non chiff., le dernier blanc. — Ens. 3 ouvr. en 1 vol. in-4, mar. rouge, dos orné aux petits fers et fleurdelisé, 3 fil. et milieux ornés de l'écu de France couronné sur les plats, large dent. int., tr. dor. (*Hardy-Mennil*).

Réunion de trois livres d'entrées d'un vif intérêt historique.

Le premier, qui comporte 54 feuillets, est orné d'un beau portrait gravé de Charles IX et de 10 grandes figures sur bois à pleine page, dont une repliée ; il renferme un certain nombre de poésies, parmi lesquelles des sonnets de Ronsard, de Baïf et d'Amadis Jamyn. Le second, formé de 2 parties de 10 et 26 feuillets, est orné de 6 grandes figures sur bois.

Belle reliure de Hardy-Mennil.

Ex-libris Robert Hoe.

14. **Camerarius** (Joach.). Symbolorum et Emblematum ex Volatilibus et insectis desumtorum centuria tertia collecta a Joachimo Camerario Medico Norimberg. In qua multae rariores proprietates ac historiae et sententiae. Memorabiles exponuntur, anno salutis 1596. (*Noribergae, P. Kaufmann*), *anno salutis* 1596 ; in-4 de 4 ff. prélim. et 106 ff. chiff., plus 3 pp. pour l'index et la souscription, mar. La Vallière souple, pet. dent. int., tr. dor. (*Smith-Hansell*).

Ce livre d'emblèmes comprend un titre orné et 100 figures en médaillon accompagnées d'un commentaire et de légendes en vers latins. — Bel exemplaire.
Ex-libris Robert Hoe.

15. **Castiglione** (Balthasar). Le Covrtisan, Novvellement tradvict de langue ytalicque [de Baldassare Castiglione] en vulgaire francoys (par Jacq. Colin d'Auxerre). Auec Priuilege. [*Paris*]. *On les vend au Palais, en la galerie alant a la Chancellerie, en la bouticque de Iehan longis et de Vincent certenas*, 1537 ; pet. in-8, mar. rouge, dos orné, 3 fil. sur les plats, dent. int., tr. dor. (*Hardy-Mennil*).

Edition originale de la traduction de Colin d'Auxerre, imprimée en jolis caractères ronds. Le titre est orné d'une vignette sur bois représentant l'auteur ou le traducteur à son travail.
Très bel exemplaire réglé, dans une charmante reliure de Hardy Mennil.
Ex-libris Robert Hoe.

16. **Cellini** (Benvenuto). Due Trattati uno intorno alle otto principali Arti dell oreficeria ; l'altro in materia dell'Arte della Scultura ; dove si veggono infiniti segreti nel la vorar le figure di Marmo et nel gettarle di Bronzo. *In Fiorenza, per V. Panizzii et M. Peri*, 1568 ; pet. in-4 de 6 ff. prélim., le dernier blanc, et 68 ff. chiff., car. italiq., mar. rouge, dos orné or et à froid, comp. de fil. dor. et à froid avec fleurons aux angles, fil. int., tr. dor. (*Bedford*).

Edition originale, imprimée en caractères italiques, ornée, sur le titre, des armes des Médicis, et, dans le texte, de superbes initiales historiées, gravées sur bois.
Très bel exemplaire dans une jolie reliure de Bedford.
Ex-libris Robert Hoe.

17. **CHRONICORUM LIBER**. Registrum hujus operis libri cronicarum in figuris et ymaginibus ab initio mûdi. (In fine :)... *Ai intuitû autem et preces providorû civiû Sebaldi Schreyer et Sebastiani Kamermaister hunc librum dominus Anthonius Koberger Nuremberge impressit. Adhibitis tame viris mathematicis pingendisq. arte peritissimis Michaele Wolgemut et Wilhelmo Pleydenwurff..... Consummatû autem duodecima mensis julii. Anno salutis* n[re] 1493 , in-fol. max. de 20 ff. prélim. et 300 ff. pour le texte y compris les

ff. blancs, mar. vert, dos orné avec pièces de titre rouges, large dentelle sur les plats, dent. int., tr. dor. (*Rel. du XVIIIe siècle*).

Un des plus remarquables incunables à figures sur bois, connu sous le nom de *Chronique de Nuremberg*, précieux par son illustration qui comprend plus de 2200 figures sur bois, tant petites que grandes, y compris les planches doubles, dues à *Michel Wohlgemuth*, qui fut le maître d'Albert Dürer, et à *W. Pleydenwurff*.

Les grandes initiales de la table qui occupe les 20 ff. préliminaires et la première initiale du texte sont peintes à la main en rouge et bleu ; les majuscules du texte sont toutes rubriquées.

A la suite se trouve le fragment intitulé : *De Sarmacia regione Europe et de regno Polonie*.... 5 ff.

Magnifique exemplaire réglé, très grand de marges, bien complet des feuillets blancs qui manquent souvent. Le titre ci-dessus, *Registrum*.... est calligraphié et peint en noir et or.

Superbe reliure à dentelles du XVIIIe siècle.

Exemplaire de Théodore Williams avec son chiffre et ses armoiries frappés en or dans un cartouche au milieu des plats.

18. **COLONNA** (Francesco). **La Hypnerotomachia di Poliphilo**, cioè Pugna d'amore in sogno. Dov'egli mostra che tutte le cose humane non sono altro che sogno... *Vinegia, in casa de' figliuoli di Aldo*, 1545 ; in-fol. de 4 ff. prélim. et 230 ff. non chiff., sign. a-F par 8, sauf z (10) et F (4), mar. olive, dos orné de volutes et fers azurés, comp. de fil. dor. et à froid, avec fleurons dor. aux angles, sur les plats, fil. int. dor. et à froid, tr. dor. (*W. Pratt*).

Seconde édition du *Songe de Poliphile*, contenant 172 compositions sur bois attribuées à *Giovanni Bellino*. Rare.

Très bel exemplaire grand de marges, avec les sujets phalliques, notamment la figure du *sacrifice à Priape*, intacts, dans une superbe reliure de Pratt à l'imitation des reliures italiennes du XVIe siècle.

19. **Contarini** (Cardinal). Des magistratz, et république de Venise composé par Gaspar Contarin, gentilhomme Venetien, et despuis traduict de latin en vulgaire francois par Jehan Charrier, natif d'Apt en Provence, Secrétaire de Monsieur Bertrand, conseillier du roy en son privé conseil, et president en la court de Parlement à Paris. *On les vend à Paris, en la grand'salle du Palays en la boutique de Galiot du Pré*, 1544 ; pet. in-8 de 12 ff. prélim. et 104 ff., chiff. de i à cj, plus 2 ff. de table et 1 f. blanc, mar. rouge jans., doublé de mar. bleu, large dent. int. aux petits fers et au pointillé, tr. dor. (*Amand*).

Première édition française du principal ouvrage du cardinal Contarini, non moins célèbre comme écrivain que comme diplomate.

Superbe exemplaire lavé et encollé, dans une riche reliure doublée d'Amand. (Le feuillet blanc final manque).

20. [**Corrozet** (Gilles)]. Hecatomgraphie. C'est à dire les descriptiõs de cêt figures et hystoires, contenans plusieurs appophthegmes, prouerbes, Sentences et dictz tant des Anciens que des modernes.

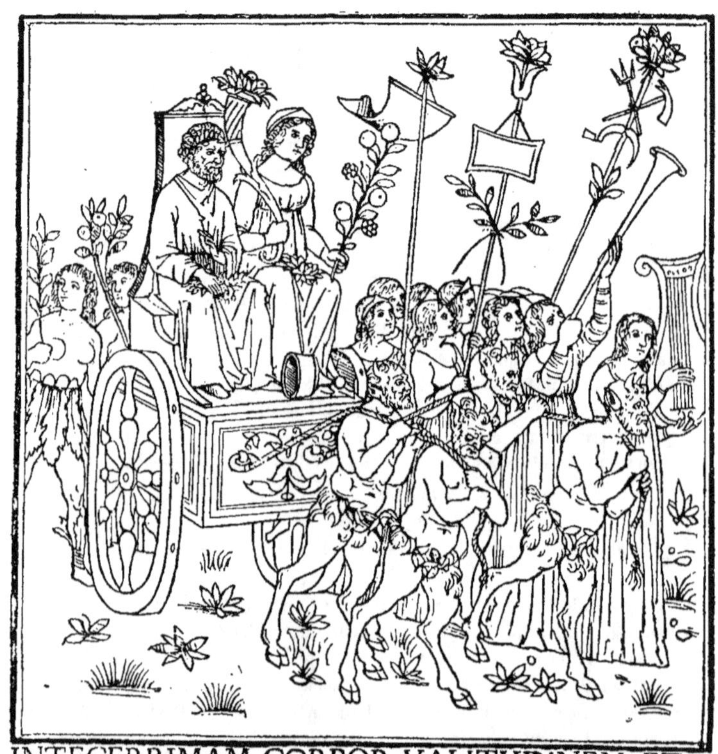

INTEGERRIMAM CORPOR. VALITVDINEM, ET
STABILE ROBVR, CASTASQVE MEMSAR. DE
LITIAS, ET BEATAM ANIMI SECVRITA
TEM CVLTORIB. M. OFFERO.

N° **18**. — Francesco Colonna
La Hypnerotomachia di Poliphilo

Le tout reueu par son autheur. *A Paris, chez Denys Janot*, 1543 ; pet. in-8 de 104 ff. non chiff., signés *A-O* par 8, (*A* et *O* n'ayant que 4 ff.), mar. rouge, dos orné aux petits fers, comp. de fil. et dent. sur les plats, dent. int., tr. dor. (*Belz-Niédrée*).

Curieux ouvrage en vers, composé par Gilles Corrozet.

Troisième édition, revue par l'auteur lui-même, plus belle que la première parue en 1540, avec le même nombre de feuillets.

Elle est ornée de 1 titre-frontispice et 100 charmantes figures allégoriques gravées sur bois, dans de jolis cadres décorés de rinceaux. Ces illustrations, fort remarquables, rappellent la facture de *Jean Cousin* et aussi celle de *Geoffroy Tory*.

Bel exemplaire dans une jolie reliure de Belz-Niédrée.

Ex-libris Robert Hoe.

21. **Cronique abrégée**, ou recueil des faits, gestes, et vies illustres des Roys de France. Contenant les choses plus memorables advenues de leur temps : commençant à Pharamond premier roy, jusques à Charles neufiesme à present regnant. Avec l'effigie de chacun roy représentée au plus pres du naturel. *A Paris, chez Simon Calvarin, rue Sainct Jacques, à la Rose blanche couronnée*, 1572 ; pet. in-8 de 64 ff. non chiff., mar. brun, dos fleurdelisé, comp. de fil. à froid avec fleurs de lis dor. aux angles, dent. int., tr. dor. (*Capé*).

Recueil rare, orné d'un fleuron au titre et de 60 portraits des rois de France, gravés sur bois, en médaillon.

Jolie reliure de Capé.

22. **Démosthènes.** Demosthenis orationes quatuor contra Philippum, a Paulo Manutio latinitate donatæ. *Venetiis : apud Aldi filios*, 1551 ; in-4 de 52 ff. non chiff., sign. *A-N*, mar. brun à long grain, dos orné, 2 fil. sur les plats et volutes aux angles, marque des Alde au centre, 2 fil. int., tr. dor. (*Lewis*).

Superbe impression des Alde, ornée ,sur le titre, de la marque aldine.

Très bel exemplaire grand de marges dans une jolie reliure de Lewis.

Ex-libris Robert Hoe.

23. **DURER** (Albert). **Suite de 16 compositions originales** d'Albert Dürer, gravées au burin, connue sous le nom de *Petite Passion*. En 1 vol. in-8. mar. noir, plats ornés du monogramme d'Albert Dürer, dent. int., tr. dor. (*Chambolle-Duru*).

Superbes épreuves portant le monogramme d'*Albert Dürer* : 15 sont datées de 1507 à 1513.

Ces planches, gravées sur cuivre, sans marges, sont montées avec soin sur onglets et protégées par une garde.

24. **DURER** (Albert). **La Passione di N. S. Giesu Christo** d'Alberto Durero di Norimberga. Sposta in ottaua rima dal R. P. D. Mauritio Moro, canon. della Congr. di S. Giorgio in Alega. *In Venetia, M.DC. XII, appresso Daniel Bissucio*, (1612) ; pet. in-4 de 42 ff. non chiff. signés A-L par 4, sauf L qui n'a que 2 ff., mar. La Vallière jans., large dent. int., tr. dor. (*Trautz-Bauzonnet*).

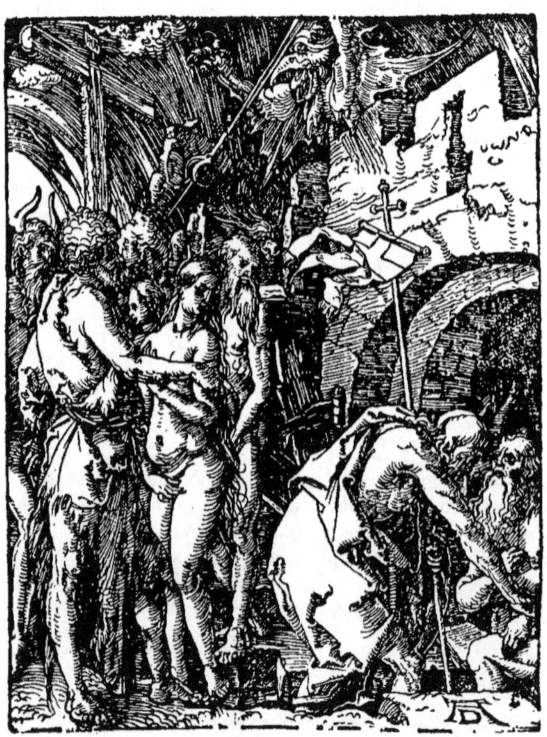

Suite très rare, connue sous le nom de *Petite Passion*, dédiée à l'archiduc Ferdinand d'Autriche. Elle comprend un titre orné du portrait en médaillon d'Albert Dürer, à l'âge de 56 ans, gravé en 1553, sur cuivre et 37 grandes et belles figures sur bois par *Albert Dürer*, signées de son monogramme A. D., avec un texte en vers italiens au verso de chaque figure.

Très bel exemplaire très grand de marges, dans une jolie reliure de Trautz-Bauzonnet.

Ex-libris Robert Hoe.

25. **DURER** (Albert). **La Vie de la Vierge**. *Nuremberg, s. d.* (*vers* 1511) ; pet. in-fol., veau brun. (*Rel. anc.*).

Précieuse suite complète de 19 estampes gravées sur bois, portant toutes le monogramme d'Albert Dürer, et qui constitue un des chefs-d'œuvre de la gravure.
Très belles épreuves d'un excellent tirage, sans texte au verso.
Deux pièces ont été jointes à cette collection : l'*Adoration des rois mages*(Bartsch, n°, 3) et la *Vierge et l'Enfant Jésus* (Bartsch, n° 101).
Ensemble 21 pièces dont cinq sont datées de 1509 (1 pièce), 1510 (2 pièces), 1511 (1 pièce), 1518 (1 pièce).
Rarissime.

26. [**Erasme**]. Les Apo- || phthegmes. Cest a dire promptz sub- || tils et sentêtieux ditz de plusieurs || Royz : chefz darmee : philosophes || et autres grans person- || naiges tant Grecz || que Latins. Translatez de latin || en francoys, par lesleu Macault notaire, secretai- || re, et vallet de la chambre du Roy. *On les vend à Paris, Au soleil dor, en* || *la rue Saint Jacques*, 1539 ; in-8 de 288 ff. non chiff., le dernier blanc, signés a-N par 8, capitales ornées, veau noir, dos orné de fil. dor. et à froid, encadr. de fil. dor. et à froid et milieux dor. sur les plats, tr. dor. (*Rel. de l'époque*).

Première édition, rarissime, restée inconnue à Brunet, de la traduction d'Antoine Macault, qui fut pourvu de l'emploi d'élu sur le fait des aides et tailles, ce qui explique le titre d'*esleu* que Macault a joint à son nom.
Cette édition, imprimée par la veuve de Claude Chevalon et dédiée à François Ier, contient deux pièces de vers de Clément Marot, un dizain et un huitain, en l'honneur de l'auteur.
Petit raccommodage au titre ; incomplet du feuillet d 8 ; la dorure des tranches est moderne.

27. **Estienne** (Charles) et Jean **Liébault**. L'Agricvltvre, et Maison Rvstique de M. Charles Estienne, et Iean Liebavlt, Docteurs en Medecine... Plus vn brief recueil des chasses du cerf, du sanglier, du lieure, du renard, du blereau, du connil, du loup, des oiseaux et de la fauconnerie. A Mgr le duc d'Vzez, pair de France, comte de Crussol, seigneur d'Assier, et prince de Soyon. *A Paris, chez Jacques du Puys*, 1583 ; in-4 de 12 ff. prélim. dont un blanc, 394 ff. chiff., les 2 derniers cotés par erreur 293 et 294, et 23 ff. non chiff. pour la table, plus 19 ff. pour la Chasse du loup, de Jean de Clamorgan, mar. rouge jans., large dent. int., tr. dor. (*Chambolle-Duru*).

Livre rare, orné de belles figures sur bois représentant des animaux domestiques, des plantes potagères et des parterres, jardins, etc. A la suite se trouve *La Chasse du Loup.... par Jean de Clamorgan... Au roy Charles IX. Ibid. id.*, 1583 ; 19 ff. chiff. et 1 f. blanc, titre orné d'une bordure à motifs de feuillages et 14 grandes et curieuses figures sur bois représentant la chasse du loup.
Beaux exemplaires très grands de marges, dans une belle reliure de Chambolle Duru.
Ex-libris Robert Hoe.

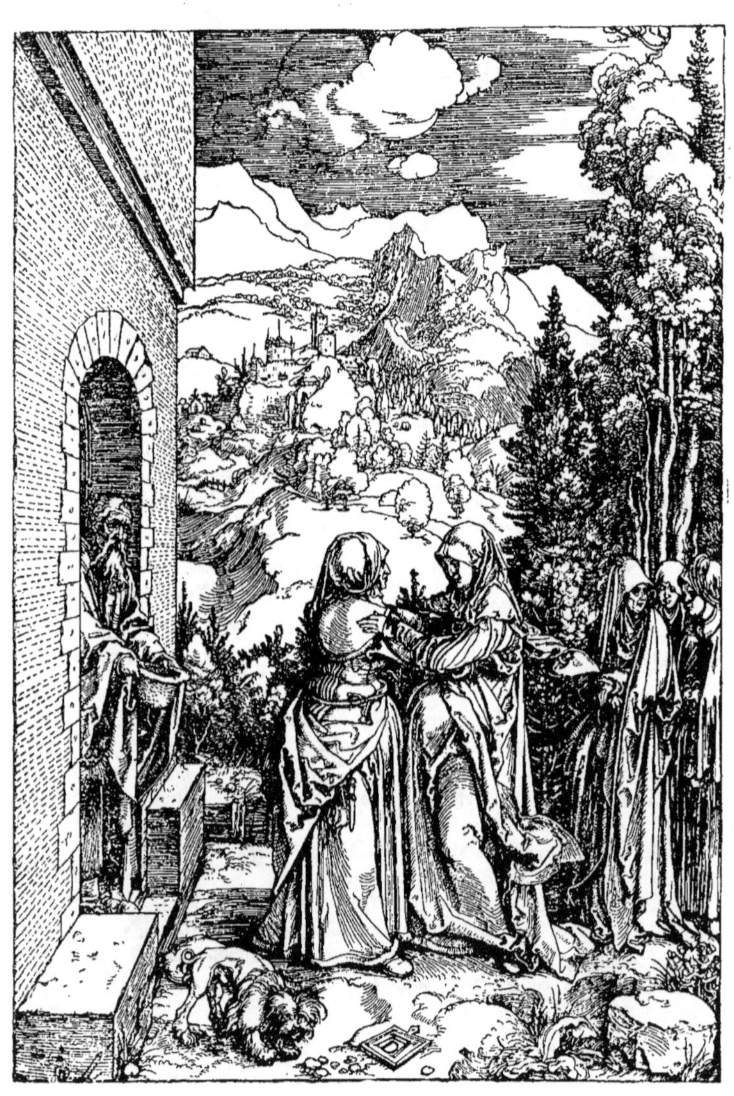

N° 25. — Albert DURER
La Vie de la Vierge

28. **Euripide.** L'Iphigene d'Euripide, poète tragiq. : tourné de grec en francois par l'auteur de l'Art poétique [Th. Sibilet]. *Paris, Gilles Corrozet*, 1550 ; pet. in-8 de 8 ff. prélim., le dernier blanc, texte ff. 9 à 75 et 1 f. blanc, mar. vert, dos orné, milieux ornés aux petits fers, large dent. int., tr. dor. (*Trautz-Bauzonnet*).

Edition originale, avec un nouveau titre. Rare.
Bel exemplaire réglé, dans une jolie reliure de Trautz-Bauzonnet.
Ex-libris Robert Hoe.

29. **Figure del Vecchio Testamento**, con versi toscani per Damian Maraffi, nuovamente composti, illustrate. *In Lione, per Giovanni di Tournes*, 1554 ; pet. in-8 de 136 ff. non chiff., signés A-R par 8, mar. La Vallière jans., dent. int., tr. dor. (*Thibaron-Joly*).

Jolie édition des *Figures du vieux Testament* publiée à Lyon par Jean de Tournes, avec un titre italien et des vers en cette langue par Damiano Maraffi. La dédicace est au nom de « Madama Margherita di Francia, duchessa di Berri ». Ce volume contient 1 portrait de Maraffi en médaillon, au verso du titre, et 222 charmantes figures sur bois dues à *Bernard Salomon*, dit le *Petit Bernard*.
Bel exemplaire, grand de marges, dans une jolie reliure de Thibaron-Joly. (Le feuillet blanc final manque).

30. **Figure del Nuovo Testamento**, illustrate da versi vulgari Italiani. *In Lione, per Giovanni di Tournes*, 1554 ; pet. in-8 de 52 ff. non chiff. y compris le titre, sign. A-G 3, mar. La Vallière jans., dent. int., tr. dor. (*Thibaron-Joly*).

Jolie édition publiée à Lyon par Jean de Tournes des *Figures du Nouveau Testament*, suite des *Quadrins historiques* de Paradin, avec un titre italien et des vers en cette langue par Damiano Maraffi. La dédicace est au nom de « Madama Margherita di Francia, duchessa di Berri ». Ce volume contient 96 vignettes sur bois dues à *Bernard Salomon*, dit le *Petit Bernard*.
Bel exemplaire, grand de marges, dans une jolie reliure de Thibaron-Joly.

31. **Fillastre** (Guillaume). Le premier [et le second] volume || de la toison dor || compose par reuerend pere en Dieu Guillaume [Fillastre] par || la permission diuine iadis euesque de Tournay ab- || be de sainct Bertin et chancellier de lordre de la Thoi || son dor du bon duc Philippe de bourgongne Auquel || soubz les vertus de magnanimite et iustice apparte- || nans a lestat de noblesse sont contenus les haulx ver- || tueux et magnanimes faictz tant des treschrestiennes || maisons de france / bourgongne et flandres que dau- || tres roys et princes De lancien et nouueau testament || nouuellement imprimé à Paris. *Ilz se vendent a Paris en la rue sainct || Jaques a lenseigne sainct Claude.* (Au recto du dernier feuillet du second vol.) : *Cy fine le second volume de || la Thoyson dor. Imprime a || Paris lan mil cinq cens et dix- || sept par Anthoine bonne mere || Le dixiesme iour de Decembre || pour Francoys Regnault mar- || chant libraire demourant*

en la || *dicte ville en la rue Sainct Jac-* || *ques a lenseigne sainct Claude* || *aupres de sainct Yves....* (1517) ; 2 tomes en 1 vol. in-fol. goth. à 2 col., mar. rouge, dos orné d'entrelacs de fil. or et à froid et de fleurons dor., plats ornés de comp. de fil. dor. et à froid, droits et courbes, large dentelle ornée de fleurs de lis sur fond à froid, rosaces et grands fleurons dor. aux petits fers au centre, dent. int., tr. dor., étui gainé. (*Lortic*).

L'auteur, Guillaume Fillastre nommé par Philippe le Bon chancelier de l'ordre de la Toison d'or, composa vers la fin de sa vie, ce livre qu'il dédia à Charles, duc de Bourgogne.

Seconde édition imprimée en beaux caractères gothiques, aussi rare que la première de 1516. Elle est ornée de 76 grandes et petites figures sur bois très remarquables par le style, l'expression et la naïveté de la composition et de nombreuses grandes et petites initiales à fond criblé.

Superbe exemplaire à grandes marges, dans une splendide reliure de Lortic à l'imitation des plus belles reliures du XVIe siècle.

Ex-libris Robert Hoe.

32. **Furmer** (Bern.). De Rerum usu et abusu, auctore Bernardo Furmero Phrysio. *Antuerpiae, ex officina Chr. Plantini*, 1575 ; in-4 de 2 ff. prél., 25 ff. pour le texte et les fig. et 1 f. blanc, mar. rouge, dos orné de fleurons et fil. dor., 3 comp. de 2 fil. dor., avec dent. à froid, milieux et angles ornés de fers azurés dor., sur les plats, large dent. int., tr. dor. (*Lortic*).

Premier tirage de ce recueil d'emblèmes contenant un élégant titre frontispice et 25 grandes figures par *H.-J. Wierix*, accompagnées de légendes et commentaires en vers latins.

Bel exemplaire grand de marges, dans une superbe reliure de Lortic.

Ex-libris Robert Hoe.

33. **Habert** (François). Le Temple de Chasteté, avec plusieurs épigrâmes, tant de l'invention de l'autheur que de la traduction et imitation de Martial et autres poètes latins. Ensemble plusieurs petits œuvres poétiques... Le tout par Fançoys Habert d'Yssouldun en Berry. *A Paris, de l'imp. de Michel Fezandat*, 1549 ; in-8 de 120 ff., non chiff. sign. A-P par 8, le dernier blanc, mar. rouge, dos orné aux petits fers, 3 fil. sur les plats, doublé de mar. bleu, large dent. int. aux petits fers, tr. dor. (*Trautz-Bauzonnet*).

Edition originale du chef-d'œuvre de ce poète favori de Henri II ; elle est imprimée en caractères italiques et ornée, sur le titre, de la jolie marque de Fezandat.

Très bel exemplaire très grand de marges, dans une superbe reliure doublée de Trautz-Bauzonnet.

Ex-libris Robert Hoe.

34. **Hérodien.** Histoire d'Herodian || excellent historien || Grec, traitant des faicts || memorables des successeurs de Marc || Avrele à l'Empire de Rome : || Translatée du Grec en François par Jacqves ||

des Comtes de Vintemille || Rhodien... Plus, vn discours et aduertissement aux Censeurs de || la langue Françoise : Auec vne Table des || choses plus remarquables. *A Paris, de l'imprimerie de Fédéric Morel*, 1581 ; in-4 de 14 ff. prélim., 225 pp. chiff. et 7 ff. non chiff. pour la table, mar. rouge, dos orné aux petits fers, 3 fil. dor. sur les plats, doublé des plats de la reliure primitive *en veau ancien, aux armes et aux chiffres de* CONRART, tr. dor. (*Thibaron*).

Cette traduction de Jacques des Comtes de Vintimille est dédiée à Emmanuel-Philibert, duc de Savoye, prince de Piémont. Elle est très joliment exécutée en lettres rondes, avec un encadrement style Renaissance sur le titre, et de grandes lettrines ornées dans le texte.

PRÉCIEUX EXEMPLAIRE RÉGLÉ, dans une jolie reliure de Thibaron, dont les plats sont doublés avec les plats d'une reliure ancienne, ornée de comp. de fil. à la Du Seuil, *aux armes et aux chiffres, 4 fois répétés aux angles de Valentin CONRART, un des fondateurs de l'Académie française. Ces armes sont très rares.*

Ex-libris Robert Hoe.

35. **HEURES.** Ces presêtes heures a lusage de Rôme *furét acheuees || le siziesme iour doctobre. Lan Mil. CCCC. iiii. xx. et || xv. Pour Simô Vostre Libraire demourât a Paris en || la rue neuue nrê dame a lêseigne saict iehan leuuâgeliste* (marque de Pigouchet) [almanach de 1488 à 1508], 1495 ; gr. in-8 de 74 ff. non chiff., signés *a-i* par 8, sauf *i* qui comporte 10 ff., à 33 lignes par page, mar. bleu, dos orné de fil. et fleurons dor., comp. de doubles fil. et dentelle de style gothique sur les plats, doublé de mar. bleu, large dent. int., tr. dor. (*Chambolle-Duru*).

TRÈS RARES HEURES, illustrées de nombreuses gravures sur bois, dont la grande marque de Pigouchet, la figure de l'Homme anatomique, 16 grands sujets et nombre de petites figures en tête des chapitres, des bordures historiées, à chaque page, représentant des scènes évangéliques, plus d'innombrables lettres ornées, grandes et petites, enluminées en or et couleurs, de même que les bouts de ligne.

Non citée par Hain, Copinger, Proctor, Reichling, cette édition est restée inconnue à Paul Lacombe.

SUPERBE EXEMPLAIRE RÉGLÉ, IMPRIMÉ SUR VÉLIN, très grand de marges. Provient des bibliothèques du marquis Alessandro Gregorio Capponi, avec son nom au recto du titre et son cachet au verso, et Robert Hoe, avec son ex-libris.

36. **HEURES. Hore beate Marie Virginis** ad usum Parisi || ensem totaliter ad longum sine require. (A la fin :) *Ces presentes heures a lusage de paris furêt acheuez le neufiesme iour dauril lâ mil. iiii. CCCC.iiii xx et xix* (1499) *par Tilleman* (sic) *keruer imprimeur demourât a paris en la rue des maturins ou sur le pont saît michiel a lenseigne de la licorne*, (almanach de 1497 à 1520), in-8 de 124 ff. non chiff., signés *a-p* par 8 et *q* par 4, mar. rouge, dos et plats couverts de fil. et d'ornements au pointillé, milieux des plats en losange avec médaillon chiffré, tr. dor. (*Rel. anc., avec fermoirs*).

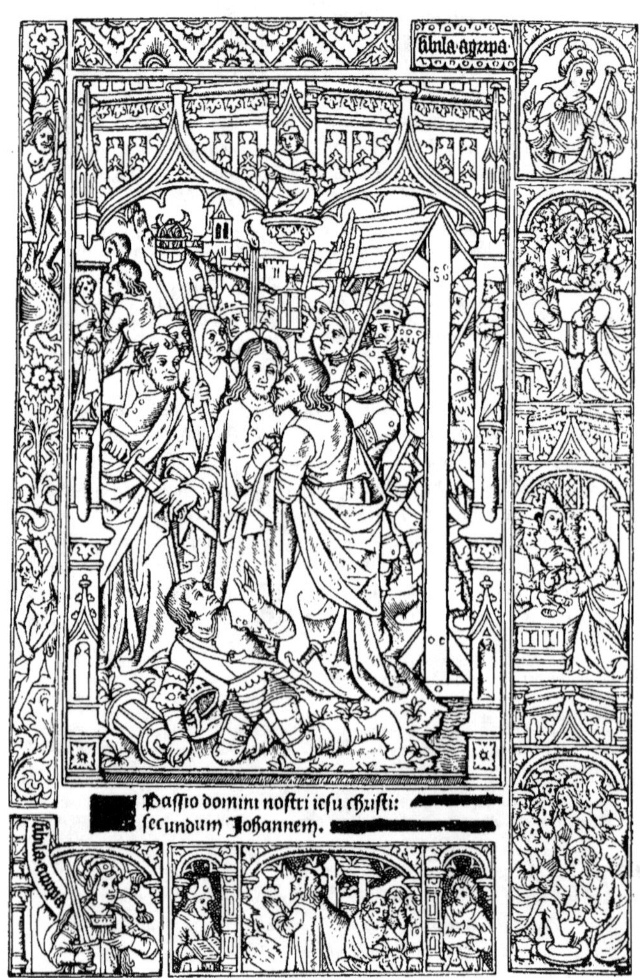

N° 35. — Heures de Simon Vostre
imprimées sur vélin

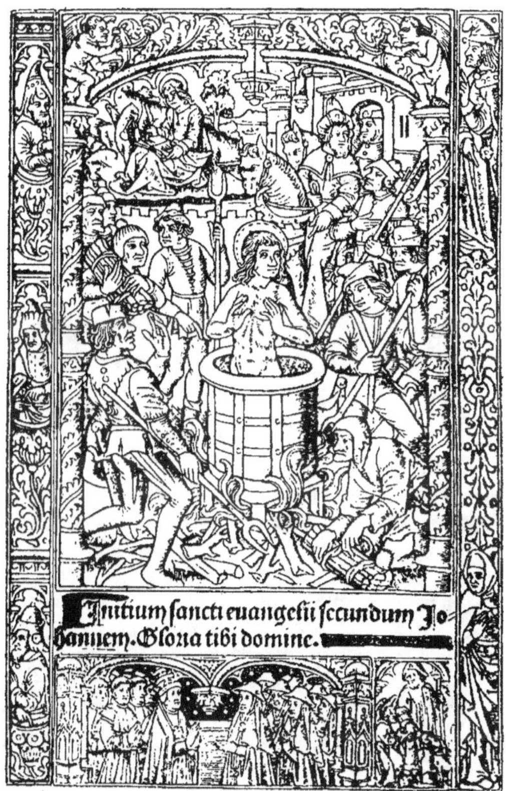

Edition non citée par Paul Lacombe de ces Heures à *l'usage de Paris*. Elles sont ornées de la belle marque de Thielman Kerver, sur le titre, de QUINZE (15) grandes figures sur bois, de nombreuses petites fig res dans le texte et de superbes bordures formées d'histoires évangéliques.

Très bel exemplaire IMPRIMÉ SUR VÉLIN, avec initiales peintes en rouge, bleu et or, bien complet, dans une jolie reliure du XVIIe siècle, décorée aux petitss fers et au pointillé, *avec fermoirs de cuir parfaitement conservés*.

37. **HEURES. Horae beate Marie vginis** scdm usû Romanae cû illi : miraculis : una cû figuris apocalipsis post biblie figuras insertis omnino ad longum sine require. (In fine :) *Expliciût hore itemeratîe vginis marie scdm usum Romanû : impsse parisi, opera Nicolai*

higman Impensis honesti viri Symonis vostre, (almanach de 1512 à 1530) ; in-8 goth. de 128 ff. non chiff., sign. *A-Q* par 8, mar. brun, dos orné, comp. de fil. et sujets historiés sur les plats, semis de fleurs de lis au centre, le tout à froid, dent. int. dor., tr. dor. (*Capé*).

Heures imprimées vers 1512 par Nicolas Higman pour Simon Vostre, en beaux caractères gothiques noirs et rouges, ornées de 1 titre avec la curieuse marque de Simon Vostre, de l'homme anatomique, 20 grandes figures sur bois, de nombreuses petites compositions et bordures à chaque page dont la *Danse des morts* (Lacombe, n° 233 *bis*).

Superbe exemplaire imprimé sur vélin, dont toutes les capitales sont peintes en or sur fond rouge ou bleu ; il est d'une conservation parfaite.

C'est par erreur que M. Lacombe indique 21 cahiers de 8 ff. : il n'y en a que 16, de *a* à *q*, soit 128 feuillets seulement.

Très belle reliure ornée à froid dans le genre gothique.

Ex-libris Robert Hoe.

38. **Heures.** Ces presentes heures a lusaige de Pa- ‖ ris toutes au long sans rien requerir : nou- ‖ esuellemêt imprimees audict lieu / auecques ‖ plusieurs belles hystoires. (A la fin :) *Ces presentes heures sont imprimees a* ‖ *Paris* ‖ *par la veufve de Thielmâ Kerver* ‖ *demourante a la grât rue sainct Jacques* ‖ *a lenseigne de la Licorne... et furent achevees le xix. iour de Juing. Lan Mil.cccccxx.v* (1525) ; (almanach de 1525 à 1538) ; in-4 goth. de 136 ff. non chiff., sign. *A-R* par 8, et 8 ff. signés *aa* pour les *Commendationes Defunctorum*, mar. brun, dos orné, comp. de fil. et milieux d'entrelacs sur fond azuré, sur les plats, fil. int., tr. dor. (*Rivière*).

Edition publiée par la veuve de Thielman Kerver, trois ans après la mort de son mari. A la suite des Heures se trouvent les *Recommendances des Trépassés*, formant 8 feuillets séparés.

Ces Heures, imprimées en rouge et noir, en caractères gothiques, sont ornées de 12 superbes compositions en médaillon, au calendrier, et de 46 grandes figures sur bois dans le texte dont *les Trois Morts et les Trois vifs* et *Bethsabée et le roi David* ; un grand nombre de ces figures sont accompagnées de vers français. Toutes les pages du texte sont accompagnées de superbes bordures historiées ; on y remarque la célèbre *Danse Macabre* (Lacombe, n° 347).

Très bel exemplaire réglé, très grand de marges, dans une jolie reliure de Rivière, dans le style du XVIe siècle.

Ex-libris Robert Hoe.

39. **Hillesemius** (Lud.). Sacrarum antiquitatum monumenta, patriarcharum, regum, prophetarum, et virorum vere illustrium veteris Testamenti, imaginibus et elogiis apparata atque inscripta. Auctore Ludovico Hillessemico Andernaco. *Antuerpiae, ex officina Chr. Plantini*, 1577 ; in-8 de 8 ff. prélim. et 95 pp., veau olive, dos orné, comp. de fil. à froid avec fleurons dor. aux angles, sur les plats, dent. int. (*Petit, succ[r] de Simier*).

Livre rare, orné du portrait de l'auteur et de 39 compositions à toute page (portraits en pied pour la plupart), gravés en taille-douce, par *A. de Bruyn* et *J. Sadeler* d'après *Vander Borcht* et *Crispin de Pas*.

Jolie reliure de Petit. — Petit trou à un feuillet. — Ex-libris Robert Hoe.

40. **HOLBEIN** (Hans). **Icones Historia- || rum Veteris || Testamenti,** || ad vivum expressæ, extremaque diligentia emendatiores || factae, gallicis in expositione homœoteleutis || ac versuum ordinibus (qui prius || turbati, ac impares) suo || numero restitutis. *Lugduni, apud Joannem Frellonium*, 1547 ; pet. in-4 de 52 ff. non chiff. signés *A-N* par 4, mar. rouge, dos orné aux petits fers et au pointillé, comp. de fil. et dentelle formée de pélicans et d'ornements feuillagés, fil. et large dent. int., tr. dor. (*Chambolle-Duru*).

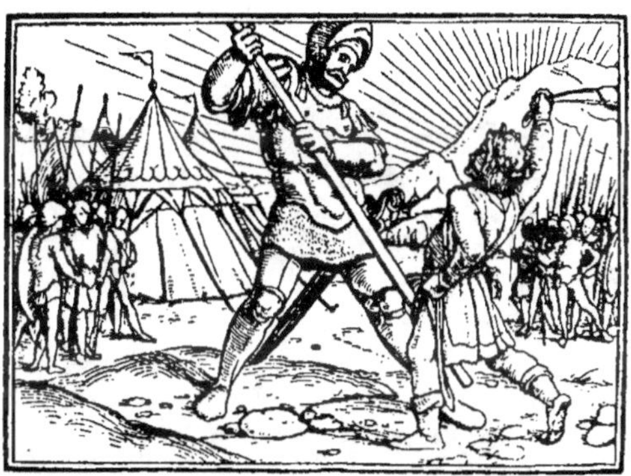

David occit Goliath d'une pierre,
Sans eſtre armé, en Dieu ſe confiant.
Par un enfant le geant mis par terre,
Des Philiſtins l'oſt retourne fuyant.

Edition très rare des *Images de l'Ancien Testament* comprenant 94 gravures sur bois, d'après les dessins d'*Holbein*, plus les *Quatre Evangélistes*, composition d'Holbein à 4 compartiments au verso de l'avant-dernier feuillet qui ne se trouve pas dans les éditions antérieures. Ces 94 figures sur bois sont accompagnées d'un texte latin et d'une traduction en vers français.

Superbe exemplaire réglé, très grand de marges, dans une jolie reliure de Chambolle.

Ex-libris Robert Hoe.

41. **Holbein** (Hans). Der Todten-Tantz, wie derselbe in der weitberühmten Stadt Basel, als ein Spiegel menschlicher Beschaffenheit ganz künstlich mit lebendigen Farben gemahlet nicht ohne nützliche Verwunderung zu sehen ist. *Basel, bey Gebrüdern von Mechel*, 1796 ; in-8, cart., *non rogné*.

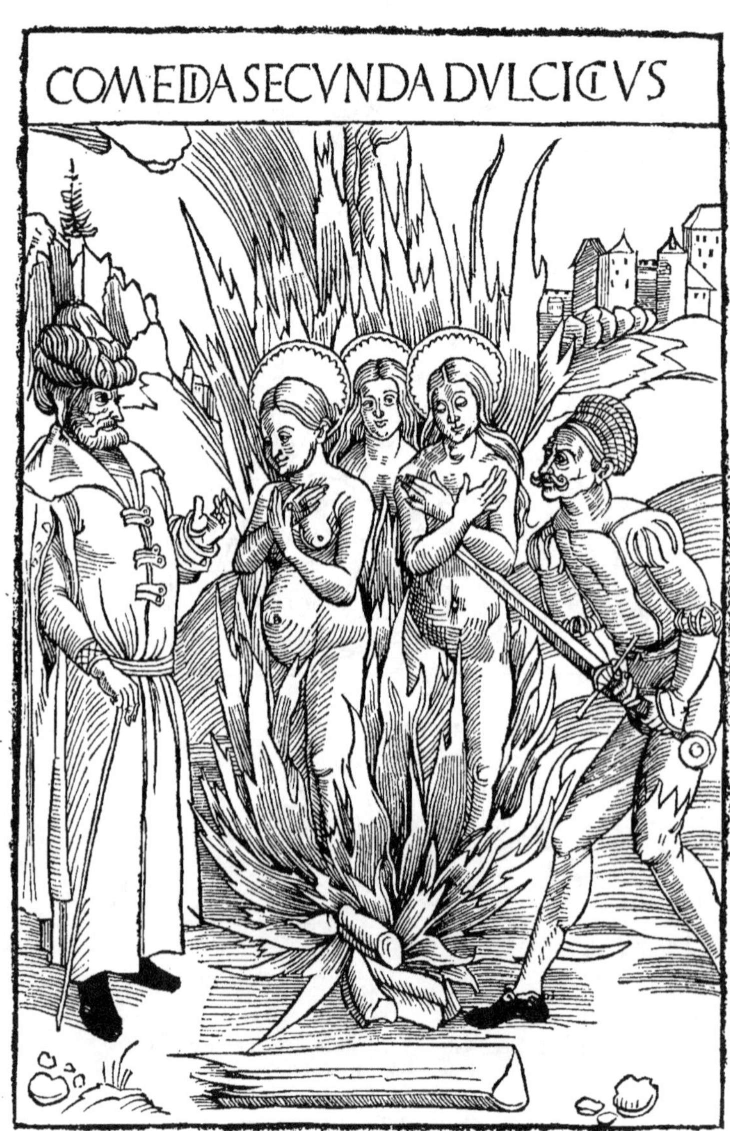

N° 42. — HROTSVITHA
Opera

Recueil peu commun contenant un titre orné et 41 figures sur bois, d'après les les peintures d'Holbein à Bâle représentant la Danse des Morts.
Ex-libris Robert Hoe.

42. **HROTSVITHA. Hrosvite illustris virginis et monialis germane** gente saxonica orte (opera) nuper a Conrado Celte inventa. (In fine :)... *Impressum Norunbergæ sub Privilegio Sodalitatis Celticae a Senatu Rhomani Imperii impetrato. Anno Christi Quingentesimo primo supra millesimum*, (1501) ; in-fol. de 82 ff. non chiff. signés *a-k* par 8, sauf *k* qui comporte 10 ff., mar. grenat, dos orné, comp. de fil. dor. et à froid avec dentelles à froid et fleurons dor. formés d'entrelacs aux angles, sur les plats, tr. dor. (*Leighton*).

Première édition des œuvres de Hrosvitha, célèbre religieuse et poètesse allemande du Xe siècle, publiées par Conrad Celtes.
Cet ouvrage contient six comédies composées à l'imitation de Térence, huit poèmes hagiographiques ou relatifs à l'histoire de l'Eglise, et l'histoire des Othon. Il est orné de 8 superbes gravures sur bois, à pleine page, attribuées à *Albert Dürer* et à *Wohlgemuth*.
Exemplaire très grand de marges, contenant de nombreuses initiales filigranées peintes en rouge, bleu et pourpre à l'époque, dans une riche reliure de Leighton avec décor de style gothique. (Légères mouillures dans la marge inférieure).
Ex-libris Robert Hoe.

43. **ICONES NOVI TESTAMENTI** || arte et in || dustria sin- || gulari exprimentes, || tum evangeliorum domini- || calium argumenta : tum alia quamplurima, in || Evangelistarum et Apostolorum scriptis exi- || mia. Quæ, ne muta essent, sua quoq. tam lati- || na, quam Germanica carmina, singulis || iconibus adjuncta, || habent. Cum brevi quadam artis pi- || ctoriæ, in epistola dedicatoria, Apologia. *Francofurti ad Moenum*, (*Martin Lechler*), 1571 ; in-4 obl. de 104 ff. non chiff., signés *a* à *AA* par 4, mar. brun, dos et plats couverts d'ornements et d'entrelacs à froid, fil. int., tr. dor. (*Bedford*).

Ce recueil contient 1 titre orné et 93 grandes figures sur bois, en belles épreuves, accompagnées de légendes en vers allemands ; ce sont pour la plupart des compositions de *Jost Amman* ; les autres sont signées des monogrammes M. B. et C. S. (Christophe Stimmer ?)
Très bel exemplaire grand de marges, dans une élégante reliure à l'imitation des reliures monastiques du XVIe siècle signée de Bedford.
Ex-libris Robert Hoe.

44. **Junius** (Hadrianus), medicus. Emblemata, ad D. Arnoldum Cobelium. Eiusdem aenigmatum libellus, ad D. Arnoldum Rosenbergum. *Antuerpiae, ex officina Christ. Plantini*, 1565 ; 2 part. en 1 vol. in-8 de 149 pp. et 1 f. non chiff., pour la 1re partie, et de 8 ff. non chiff. pour la 2e, dos orné, comp. de fil. et large dentelle aux petits fers, avec fleurons aux angles, sur les plats, riche dent. int., tr. dor. (*Allo*).

Première édition, très rare, de ce curieux livre d'emblèmes. (Brunet donne comme première édition celle de 1569).
Chaque page des *Emblèmes* est entourée d'un encadrement formé d'entrelacs et de

volutes ; ce recueil contient 57 jolies figures emblématiques gravées sur bois. Le livre d'*Enigmes* possède un titre particulier, avec la même date.

Bel exemplaire très grand de marges, dans une jolie reliure de Allô, ornée d'un décor de style gothique.

Ex-libris Robert Hoe.

45. [**Landi** (Hortensius)]. Paradoxes, ou Sentences, debatues, et elegamment deduites contre la commune opinion. Traité non moins plein de doctrine, que de recreation pour toutes gens. Reueu, et augmenté. *A Lyon, par Thibauld Payan*, 1555 ; in-16 de 248 pp., 10 ff. non chiff., pour la table et 1 f. pour le privilège, mar. rouge, dos orné d'encadr. de 2 fil., 3 fil. sur les plats, dent. int., tr. dor. (*Bauzonnet*).

L'ouvrage le plus célèbre de cet érudit italien, ami de Pic de La Mirandole et de Carraciolo, évêque de Trente. Ses *Paradoxes*, au nombre de 26, contiennent des opinions hardies en matière de philosophie et de littérature et des attaques directes contre la religion.

Jolie réimpression de l'édition originale de 1553.

Bel exemplaire relié par Bauzonnet ; il porte, sur le titre et la première page, le cachet armorié de J. Richard, docteur-médecin.

Ex-libris Robert Hoe.

46. **Le Maire** (Jean). Les Illustrations de Gaule / et singularitez de Troye / cötenant troys parties. Auec Lepistre du Roy Hector de troye / Le traictie de la differëce des scismes et des cöcilles / La vraye Hystoire et non fabuleuse du Prince Syach ysmail dict Sophy. Adiousté de nouveau les Hystoires cövenätes et propices / Avec les commëtz sur ung chascun chapistre... *On les vend a Lyon / en la maison de Jacqs. Mareschal / Imprimeur / demourant pres nostre Dame de Confort*, 1524 ; 3 part. en 1 vol. in-4 goth., mar. brun, dos orné, plats ornés de comp. de fil. avec large dentelle formée d'arabesques et milieux couverts d'ornements courbes et entrecroisés, le tout à froid, dent. int. dor., tr. dor. (*Capé*).

Recueil des œuvres en vers et en prose de Jehan Le Maire de Belges, élève de Crétin et de Molinet et maître de Clément Marot, historiographe à la cour du roi Louis XII et d'Anne de Bretagne.

Précieuse édition gothique, divisée en 3 parties avec titres particuliers, ornés chacun de la belle marque de l'imprimeur. La partie poétique comprend entre autres, l'*Amant vert*, charmant poème qui conte les peines causées par le départ de Marguerite d'Autriche pour l'Allemagne à un perroquet qu'elle avait laissé aux Pays-Bas, l'*Epître du Roy à Hector de Troye* ; *la Description du Temple de Venus, le chemin du Temple de Minerve*, etc.

Ce recueil est orné de 7 grandes et 118 petites figures sur bois, d'une exécution curieuse et naïve, et de nombreuses capitales historiées.

Très bel exemplaire dans une jolie reliure de Capé.

Ex-libris Robert Hoe.

47. **Longus.** Les Amours Pastorales de Daphnis et de Chloé, escriptes premierement en grec par Longus, et puis traduictes en françois. *A Paris, pour Vincent Sertenas*, 1559 ; pet. in-8 de 84 ff., dont 1 pour

la belle marque du libraire, grandes initiales ornées, mar. bleu, dos chiffré, fil. à froid, doublé de mar. rouge, large et riche dent. int., tr. dor. (*Bauzonnet-Trautz*).

Première édition de la célèbre traduction d'Amyot. Très rare.
Exemplaire du baron de Ruble, avec ses chiffres au dos de la reliure et son ex-libris gravé.
Riche reliure doublée de Trautz-Bauzonnet.

48. **Machiavel** (Nicolas). Les discours de l'estat de paix et de guerre de messire Nicolas Machiavelli, secrétaire et citoyen florentin, sur la première Decade de Tite Live, comprins en trois livres. Ensemble, un livre du mesme auteur intitulé le Prince. Le tout traduit d'italien en françois. *A Rouen, chez Nic. Lescuyer*, 1579 ; très pet. in-8 de 608 pp. et 8 ff. non chiff. pour la table des *Discours*, et 172 pp., plus 2 ff. non chiff. pour le *Prince*, mar. bleu jans., dent. int., tr. dor. (*Bauzonnet-Trautz*).

Une des plus anciennes éditions françaises des *Discours* et du *Prince* (ce dernier ouvrage traduit par Gaspard d'Auvergne), les deux chefs-d'œuvre de Machiavel ; le premier décrit les progrès d'un peuple ambitieux ; le second, les progrès d'un homme ambitieux ; ces deux ouvrages réunis présentent la théorie la plus conforme aux faits, et la plus célèbre, du succès en politique.
Belles impressions rouennaises, chaque ouvrage porte un titre séparé, daté de 1579.
Très beaux exemplaires, grands de marges, dans une jolie reliure de Bauzonnet.
Ex-libris Robert Hoe.

49. **Machiavel** (N.). Histoire florentine de Nicolas Machiavel, citoien et Secrétaire de Florence. Nouvellement traduicte d'italien en françois par [Yves], seigneur de Brinon, gentilhomme ordinaire de la Chambre du Roy. *A Paris, chez Guillaume de la Noué*, 1577 ; in-8 de 18 ff. prélim., 294 ff. de texte et 4 ff. non chiff. pour le sommaire, vélin à recouvr. (*Rel. de l'époque*).

Première traduction française. Rare.
Exemplaire dans sa reliure originale.

50. **Merian** (Mathieu). Novi Testamenti D. N. Jesu Christi præcipuæ historiæ et visiones, picturis elegantissimis in æs incisis, repræsentatæ. Des Newen Testaments unsern Jesu Christi Fürnembste Historien und Offenbarungen... gestellet durch Mattheum Merian von Basel. *Franckfurt, bei dem Auctore zufinden*, 1627 ; pet. in-4 oblong, mar. grenat, dos orné aux petits fers et au pointillé, fil. sur les plats, doublé de mar. La Vallière avec comp. de fil. et larges dentelles au pointillé, tr. dor. (*David*).

Recueil comprenant 1 titre-frontispice et 77 estampes finement dessinées et gravées en taille-douce par *Merian*, composées pour la 4e partie des *Icones biblicæ*.
Très belles épreuves.
Bel exemplaire à toutes marges, dans une riche reliure doublée de David.
Ex-libris Robert Hoe.

51. **Ovide.** La Vita et Metamorfoseo d'Ovidio, figurato et abbreuiato in forma d'Epigrammi da M. Gabriello Symeoni. *A Lione, per Giovanni di Tornes*, 1559 ; in-8 de 245 pp., y compris le titre, 4 ff. non chiff. et 1 f. avec un fleuron final mar. citron, dos orné de fleurons, milieux ornés d'une grande arabesque, large dent. int., tr. dor. (*Trautz-Bauzonnet*).

Belle édition ornée, au recto du titre, d'un portrait en médaillon d'Ovide, et, au verso d'un médaillon représentant Diane de Poitiers. Elle est ornée, à chaque page, de charmantes vignettes et de bordures historiées, dues à *Bernard Salomon*, dit le *Petit Bernard*.

Elle est suivie de 3 pièces : *La natura et effetti della luna nelle cose humane, passando per i xii Segni del Cielo....* ; 6 ff., le 1er orné d'un encadrement sur bois. — *La Fontana di Rioag in Overnia* ; 2 ff. dont le 1er orné d'un grand bois représentant la fontaine de Royat. — *Apologia generale di M. Gabriello Symeoni contro à tutti i calunniatori...* ; 16 ff., vign. sur bois.

Très bel exemplaire. — Ex-libris Robert Hoe.

52. **Palatino** (Giovanbattista), cittadino romano. Libro nel qual s'insegna a scrivere ogni sorte lettera, antica, et moderna di qualunque natione, con le sue regole, et misure, et essempi et còn un breve et util discorso de le cifre... *In Roma in campo di Fiore, per Antonio Blado Asolano, il mese di Genaro*, 1547 ; in-4 de 62 ff. non chiff., sign. *A-H*, mar. brun jans., large dent. int., tr. dor. (*Chambolle-Duru*).

Edition imprimée en partie en caractères dits de civilité, avec les remarques signalées par Brunet, savoir la mention au bas d'un certain nombre de pages : *Palatinus Romae scribebat apud Peregrinum*, 1540 et 1545.

Le titre est orné d'un portrait de l'auteur en médaillon sur bois, et le texte contient de nombreux spécimens d'écritures et rebus gravés sur bois.

Bel exemplaire très grand de marges, dans une jolie reliure de Chambolle-Duru.

Ex-libris Robert Hoe.

53. **Quintilien**. M. Fabii Quintiliani Institutionum Oratoriarum libri XII diligentius recogniti MDXXII. Index capitum totius operis. Conversio dictionum græcarum, quas ipse author in latinum non transtuit. (In fine :) *Venetiis in aedibus Aldi et Andreae soceri, mense januario*, 1521 ; in-4 de 4 ff. prélim. et 230 ff. chiff., mar. rouge, dos orné, comp. de fil. à froid avec fleurons azurés aux angles et ancre aldine au centre, sur les plats, large dent. int., tr. dor. (*Lortic*).

Seconde édition aldine de 1522, dont la souscription finale est datée de 1521. Elle comprend le même nombre de feuillets que celle de 1514, mais le 4e feuillet, au lieu d'être blanc, contient la traduction des passages grecs qui se trouvent dans le texte de Quintilien.

Bel exemplaire dans une jolie reliure de Lortic.

Ex-libris Robert Hoe.

53 *bis*. **Sambucus** (J.). Emblemata, et aliquot nummi antiqui operis, Ioan. Sambuci tirnaviensis pannonii. Altera editio, cum emendatione et auctario copioso ipsius auctoris. *Antverpiae, ex officina Chr.*

Plantini, 1566 ; in-8 de 272 pp. chiff., y compris le titre, mar. bleu, fleurons au dos, milieux d'entrelacs sur fond d'or, dent. int., tr. dor. (*Masson-Debonnelle*).

Seconde édition de ce joli recueil, orné d'un titre entouré d'un encadrement avec neuf médaillons personnifiant les muses, 223 figures à mi-page, 16 pages de médailles antiques et de nombreux culs-de-lampe, le tout gravé sur bois.
Bel exemplaire. — Ex-libris Robert Hoe.

54. **Schwarzenberg** (J. von) Bambergische Halszgerichts || und Rechlich ordnung / in peinlichen sachen zu volnfarn || allen Stetten / Communem / Regimenten / ... und Richtern / dienstlich / für- || derlich und behülfflich / darnach zu handeln und rechtspre- || chen, gantz gleichfornüg gemeynen geschriben Rechten, etc. *Gedruckt zü Meyntz, bei Johan. Schœffern*, 1531 ; 6 ff. prélim. et 44 ff., 20 figures sur bois. — **Gerichts ordnung**. Keyser Karls des fünfften und des heyligen Romischen Reichs peinlich Gerichts ordnung auff den Reichsztagen zu Augspurgk und Regenspurgk in jarem dreissig un zwey und dreissig gehalten auffgericht und beschlossen. *Meyntz, Joh. Schoeffer*, 1533 ; 6 ff. prélim., 48 ff. chiff. et 1 f. avec les armes de Charles Quint et la marque du libraire au recto, et une figure symbolique au verso, titre orné et figure sur bois à la fin de la préface. — Ens. 2 ouv. en 1 vol. in-fol., mar. La Vallière, dos orné, comp. de fil. dor. et à froid avec rosaces et fleurons dor. aux angles, fil. int., tr. dor. (*Bedford*).

Précieux recueil sur l'ancien droit criminel allemand.
L'Ordnung Gerichts est, ainsi que l'indique le titre, une sorte de Code criminel sous Charles-Quint. Le titre est orné d'une composition sur bois à compartiments représentant les instruments de torture les plus variés et un criminel conduit au supplice ; la fin de la préface porte un bois à 3 sujets.
L'ouvrage de Schwarzenberg est illustré d'un frontispice représentant « Le Jugement dernier » et de 19 grandes figures sur bois, dont quelques unes à pleine page et d'autres à deux sujets qui constituent les plus curieux documents sur la justice, les peines, les tortures et la cruauté des mœurs au XVIe siècle.
Très bel exemplaire.

55. **Seissel** (Claude de). Histoire du roy Loys douziesme, père du peuple, par messire Claude de Seissel. *A Paris, chez Jacques du Puys, à la Samaritaine*, 1587 ; in-8 de 8 ff. prélim. et 75 pp., jolie marque « à la Samaritaine », mar. bleu jans., large dent. int., tr. dor. (*Trautz-Bauzonnet*).

Seconde édition, aussi rare que la première.
Bel exemplaire dans une jolie reliure de Trautz-Bauzonnet, provenant des bibliothèques Sigogne et Robert Hoe.

56. **Sluperius** (Joannes). Omnium fere gentium, ostræque ætatis Nationum habitus et effigies. In eosdem Joannis Sluperij Herzelensis Epigrammata. Adiecta ad singulas Icones Gallica Tetras-

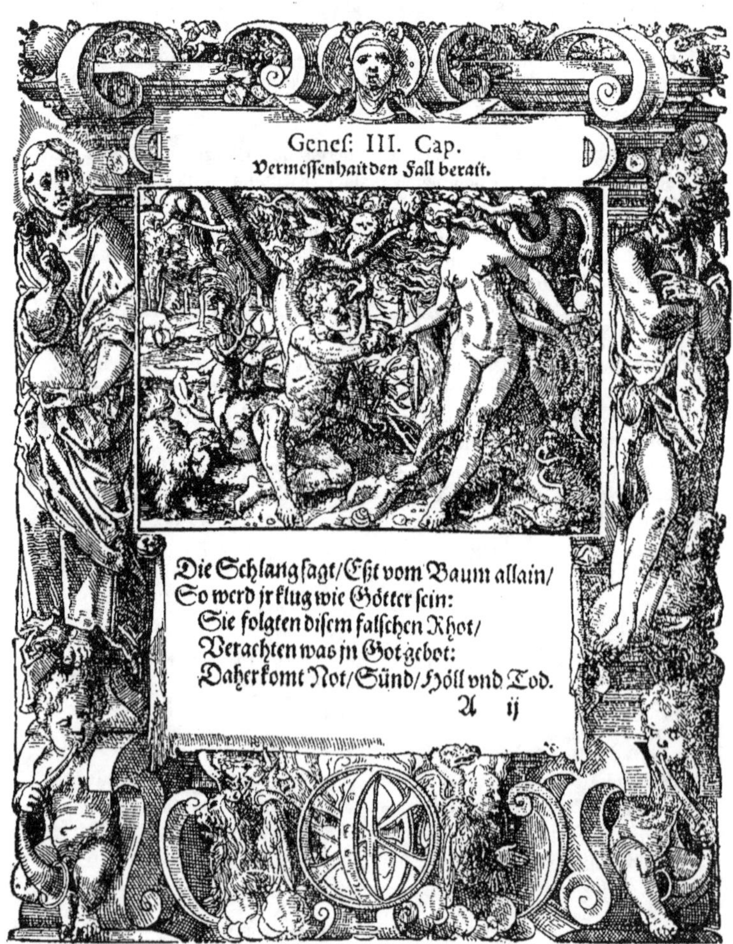

N° 37. — Tobie STIMMER
Figuren Biblischer Historien

ticha. *Antuerpiæ, apud Joannem Bellerum, sub Aquila aurea*, 1572 ; pet. in-8 de 135 ff. chiff. et 1 f. blanc, mar. vert foncé, dos orné aux petits fers, fil. sur les plats, dent. int., tr. dor. (*Niédrée*).

Livre curieux et rare, imprimé en partie en caractères cursifs, contenant 121 figures de costumes de tous pays, et en particulier d'intéressants costumes orientaux, brésiliens, indiens.... gravés sur bois, avec des légendes en latin et en français, au verso.
Bel exemplaire dans une jolie reliure de Belz-Niédrée.
Ex-libris Robert Hoe.

57. **Stimmer** (Tobie). Neue kunstliche Figuren Biblischer Historien grüntlich von Tobia Stimmer gerissen. Und zu Gotsförchtiger ergetzung andächtiger hertzen mit artigen Reimen begriffen durch J. F. G. M. *Zu Basel bei Thoma Gwarin*, anno 1576 ; in-4, mar. brun, dos couvert de volutes de feuillage et d'ornements courbes, semis de rosaces, sur les plats, milieux en médaillon et orn. d'angle gaufrés sur fond or, dent. int., tr. dor. (*Rel. mod.*).

Premier tirage des *Figures de la Bible*, comprenant un titre frontispice et 170 figures sur bois à mi-page, entourées de larges encadrements historiés, exécutées par *Tobie Stimmer*. (Brunet ne mentionne que l'édition de 1590).
Bel exemplaire recouvert d'une jolie reliure dans le style du XVIe siècle.
Ex libris Robert Hoe.

58. **Suetone** Tranquile de la vie des XII Cesars. Traduit par George de La Boutière Autunois. *A Lion, par Jean de Tournes*, 1569 ; in-4 de 4 ff. prélim., 369 pp., plus 19 ff. non chiff., (le dernier blanc) pour le Bref recueil et la marque, mar. rouge, fil. à froid sur le dos et les plats, dent. int., tr. dor. (*Rel. mod.*).

Traduction fort recherchée.
Seconde édition donnée par Jean de Tournes et *la première avec portraits sur bois*. Le titre, entouré d'un encadrement style Renaissance, est orné du portrait de Suétone en médaillon ; le texte contient les portraits des douze Césars, également en médaillons, de nombreux fleurons, en têtes et lettres ornées.
Très bel exemplaire, dans une jolie reliure.
Ex libris Robert Hoe.

59. **Tatius.** Les Amours de Clitophon et de Leucippe, escrits iadis en Grec, par Achilles Statius Alexâdrin ; et depuis mis en Latin, par L. Annibal Italien, et nouuellemêt traduits en langage François par B. Comingeois [Fr. de Belleforest]. *A Paris, pour Iean Borel*, 1575 ; in-8 de 4 ff. prélim., 146 ff. et 1 f. blanc, mar. bleu, dos orné au pointillé, fil. sur les plats, dent. int., tr. dor. (*Thibaron*).

Seconde édition française complète de ce roman grec, imprimée en beaux caractères ronds.
Bel exemplaire dans une jolie reliure de Thibaron.
Ex-libris Robert Hoe.

60. **Térence.** Terenti cũ Directorio vocabulorũ sententiarũ/artis comice/glosa ĩterlineali/cõmetarijs Donato Guidone Ascensio (*sic*). (In fine :) *Impressum in imperiali ac libera urbe Argentina per Joannem Grüninger... Per Joannem Curtum ex Eberspach redactum, anno a nativitate dni* 1499 *tertio yduc. februarii*, (1499); in-fol. goth. de 6 ff. prélim. et 172 ff. chiff. 1 à 130 et 140 à 181, cuir de Russie, dos orné de 10 comp. de fil., plats ornés de 5 fil. dor. gras et maigres, dent. int., tr. dor. (*Townsend*).

Seconde édition sortie des presses de Grüninger, de Strasbourg remarquablement imprimée en caractères gothiques, de cet incunable très rare.

Elle est ornée de 1 superbe titre frontispice à nombreux personnages, 6 grandes compositions à pleine page et 154 figures sur bois à mi-page. Les gloses de Donat couvrent les marges du texte : (Cf. Dibdin, *Bibl. Spencer.*, t. II, pp. 426-438). — Qq. légères mouillures marginales.

61. **Thevet** (André). Cosmographie de Levant, par F. André Thevet d'Angoulesme. *A Lyon, par Jan de Tournes, et Guil. Gazeau*, 1554 ; in-4, mar. grenat, large décoration d'arabesques, entrelacs et fers azurés au milieu des plats, riche dent. int., tr. dor. (*Chambolle-Duru*).

Très curieuse relation du voyage de l'auteur à Constantinople et dans la Terre-Sainte.

Edition originale, dédiée au comte François de La Rochefoucauld, avec ses armes au verso du titre, ornée de précieuses figures sur bois par *Bernard Salomon*, dit le *Petit Bernard*, représentant des scènes de mœurs, de jolis costumes orientaux des monuments, chasses, animaux divers, etc., et de grandes initiales ornées, la plupart à fond criblé.

Très bel exemplaire dans une jolie reliure de Chambolle Duru.

Ex-libris Robert Hoe.

62. **Trippault** (Léon). L'Histoire et Discours au Vray du siège qui fut mis devant la ville d'Orléans par les Anglois, le mardy XII. iour d'Octobre M.CCCC.XXVIII, regnant alors Charles VII de ce nom Roy de France, contenant toutes les saillies, assaults, escarmouches et autres particularitez notables qui de jour en jour y furent faictes : avec la venue de Jeanne la Pucelle et comment par grace divine et force d'armes elle feist lever le siège de devant aux Anglais. Prise de mot à mot sans aucun changement de langage, d'un vieil exemplaire escript à la main en parchemin et trouvé en la maison de la dicte ville d'Orléans. Plus un écho contenant les singularitez de la dicte ville... *A Orléans, par Saturnin Hotot*, 1576 ; pet. in-4 de 4 ff. prélim. et 50 ff. chiff., mar. bleu, fleurs de lis sur le dos et aux angles des plats, dent. int., tr. dor. (*Trautz-Bauzonnet*).

Edition originale de cet ouvrage important sur Jeanne d'Arc. Très rare.

Bel exemplaire dans une jolie reliure de Trautz-Bauzonnet.

Ex-libris de La Roche Lacarelle et Robert Hoe.

63. **Vaux-Cernay** (Pierre de). Histoire de la Ligue saincte, faite il y a CCCLXXX ans, à la conduite de Simon de Mont-fort, contre les heretiques Albigeois, tenans les pays de Bearn, Languedoc, Gascongne, et quelque partie de Guienne et Daulphiné : de laquelle a reüssy la paix, et l'amplitude du royaume de France, soubs les Rois, Philippe Auguste et S. Loys. Le tout escrit par F. Pierre des Vallées Sernay, de l'ordre de Cisteaux, en 1198 et mis en françois, l'an 1569 par Arnauld Sorbin. . *A Paris, chez Guillaume Chaudière*, 1569 ; pet. in-8 de 10 ff. prél., 190 ff. chiff. et 8 ff. non chiff. pour les sonnets, la table et le privilège, mar. rouge foncé, dos orné, fil. sur les plats, large dent. int., tr. dor. (*Guétant*).

Seconde édition française de cette précieuse histoire des Albigeois, traduite du latin d'un moine cistercien, désigné, au titre, sous le nom de Frère Pierre des Vallées Sernay, témoin oculaire de cette guerre religieuse. Rare.

Bel exemplaire dans une jolie reliure de Guétant.

Ex-libris de Salvert.

64. **Virgile**. I sei primi libri del Eneide di Vergilio, tradotti à più illustre et honorate donne (da Alessandro Sansedoni, Card. Ippolito de' Medici, Bernardino Borghesi, B. Carli Piccolomini, Aldobrando Cerretani, e Alessandro Piccolomini). Et tra l'altre à la nobilissima et divina Madonna Aurelia Tolomei de Borghesi.... (A la fin :) *Stampato in Vinegia per Giovanni Padovano ad instantia et spesa del nobile homo Federico Torresano d'Asola*, M.D.XLIIII, (1544) ; in-8, mar. brun, dos orné, comp. de fil. dor et à fr., fil. int., tr. dor. (*Rivière*).

Traduction en langue toscane, rare, qui fait partie de la collection aldine. On y trouve, au 2e livre, une dédicace galante du cardinal Hippolyte de Médicis à une dame Guilia Gonzaga. Chacun des six livres forme une partie chiffrée séparément avec un titre particulier, orné du portrait de Virgile, et une dédicace à une dame. Il y a, en outre, après le frontispice général, une dédicace spéciale en 3 pages. Le volume est orné de 22 jolies vignettes sur bois à mi-page.

Bel exemplaire dans une jolie reliure de Rivière.

Ex-libris Robert Hoe.

II. Livres du XVIIe siècle

Editions originales des Grands Ecrivains français
BOILEAU, CORNEILLE, LA FONTAINE
LE SAGE, MOLIÈRE, PASCAL, RACINE, etc.
Editions elzéviriennes. — Reliures armoriées

65. **Adam** (Billaut). Le Vilebrequin de Me Adam, menuisier de Nevers. Contenant toutes sortes de poésies gallantes, tant en sonnets, epistres, epigrammes, elegies, madrigaux, que stances, et autres pieces, autant curieuses que divertissantes, sur toutes sortes de sujets. Dédié à Mgr le Prince. *A Paris, chez G. de Luyne*, 1663 ; in-12 de 23 ff. prélim., 528 pp. et 3 ff. pour la table, mar. vert, dos et plats ornés de fil. à froid, large dent. int., tr. dor. (*Bauzonnet-Trautz*).

Edition originale. Rare.
Le *Vilebrequin* est précédé de pièces en vers de Scudéry, Ménard, Bertault, etc.
Très bel exemplaire dans une jolie reliure de Bauzonnet.
Ex-libris Robert Hoe.

66. **Amboise** (Adrien d'). Devises royales, par Adrian d'Amboise. Au roy. *A Paris, Rolet Boutonne*, 1621 ; in-8 de 66 pp., plus le titre, mar. grenat, dos orné, comp. de fil. dor. et à froid, avec fleurons aux angles et milieux d'entrelacs en médaillon à froid, sur les plats, fil. int., tr. dor. (*Rivière*).

Livre de devises fort rare contenant 1 titre-frontispice et 13 figures d'emblèmes gravés en taille-douce.
Très bel exemplaire, dans une jolie reliure de Rivière, de Londres.
Ex-libris Robert Hoe.

67. **Amboise** (François d'). Discours, ou Traicté des Devises. Ou est mise la raison et difference des Emblemes, Enigmes, Sentences et autres. Pris et compilé des cahiers de feu messire François d'Amboise... par Adrian d'Amboise son fils. Dédié à tres-Chrestien Roy Louys le Iuste. *A Paris, chez Rolet Boutonne*, 1620 ; in-8 de 4 ff. prélim., 178 pp. et 1 f. non chiff. pour le privilège, mar. grenat, dos orné, comp. de fil. dor. et à froid avec fleurons dor. aux angles et milieux azurés à froid, fil. int., tr. dor. (*Rivière*).

François d'Amboise, fils de Jean d'Amboise, chirurgien du roi Charles IX, enseigna d'abord les belles-lettres au collège de Navarre, puis devint maître des requêtes et conseiller d'Etat. (1550-1620).

Cet opuscule posthume, publié par son fils, Adrien d'Amboise, est fort rare.

Très bel exemplaire dans une jolie reliure de Rivière.

Ex-libris Robert Hoe.

68. **Andreini** (Giov.-Batt.). L'Adamo, sacra rapresentatione. *Milano, Geromino Bordoni*, 1613 ; in-4, mar. vert, dos orné aux petits fers, dent. dor. encadrant les plats, fil. int., tr. dor. (*Lewis*).

Cette pièce célèbre passe pour avoir fourni à Milton le sujet et quelques détails du *Paradis perdu*.

Edition originale, dédiée à la reine Marie de Médicis. Elle est ornée d'un titre gravé, avec vignette en taille-douce représentant Eve présentant à Adam la fatale pomme, un portrait d'Andreini et 40 compositions gravées en taille-douce par *César Bassani*, d'après *Procaccini*.

Très rare avec le portrait de l'auteur. La collation des feuillets liminaires indiquée par Brunet est erronée : ces feuillets sont au nombre de 12, plus le portrait, soit en tout 13 ff. et non 14.

Bel exemplaire, grand de marges dans une jolie reliure à l'imitation de Derome (petite réparation dans la marge inf. des pp. 111-112).

Ex-libris Robert Hoe.

69. **Andreini** (Giov.-Batt.). L'Adamo, sacra rapresentatione di Gio, Battista Andreini fiorentino. *Milano, Geron. Bordoni*, 1617 ; in-4. mar. noir, dos orné, très riche dentelle aux petits fers et milieux ornés, sur les plats, large dentelle int., tr. dor. (*Roger Payne*).

Cette pièce passe pour avoir fourni à Milton le sujet et quelques détails du *Paradis perdu* (Brunet, I, 269).

Dédiée à la reine Marie de Médicis, elle est ornée d'un titre-frontispice et 40 figures sur cuivre, exécutés sur les dessins de *Carlo Antonio Procaccini*.

Exemplaire avec le titre de relai à la date de 1617, provenant des bibliothèques de W. Singer, F.-F. Madden et Robert Hoe.

Riche reliure dans le goût de Boyet, due à Roger Payne, un des plus fameux relieurs londoniens du XVIIᵉ siècle.

70. **ASSOUCY**, ou **Dassoucy** (Charles Coypeau d'). **L'Ovide en belle humeur**, de M. Dassoucy. Suivant la Copie imprimée à Paris [marque : *la Sphère*], 1651 ; pet. in-12 de 92 pp. et 1 f. n. chiff., mar. bleu, dos orné, fil., dent. int., tr. dor. (*Trautz-Bauzonnet*).

Le plus rare ouvrage de la collection elzévirienne et le chef-d'œuvre du genre burlesque : c'est le principal ouvrage de Dassoucy, qu'on a surnommé le *Singe de Scarron*.

L'édition sort des presses de Bonaventure et Abraham Elzevier, de Leyde. (Willems, n° 690).

Bel exemplaire, un des plus grands connus, relié par Trautz-Bauzonnet. — Haut. : 126 mill. 1/2.

71. **Avantures** (Les) ou Mémoires de la vie de Henriette Sylvie de Molière. *Suivant la copie imprimée à Paris*, 1695 ; [marque : *à la Sphère*] ; 6 part. en 1 vol. pet. in-12, mar. rouge, dos orné aux petits fers, comp. de fil. sur les plats avec fleurons aux angles, dent. int., tr. dor. (*Belz-Niédrée*).

La plupart des bibliographes ont attribué ce roman à d'Allègre, d'autres à Subligny.

Aujourd'hui on s'accorde généralement à l'attribuer à Mme de Villedieu (Willems, n° 1865). — Très recherché.

Bel exemplaire grand de marges, dans une jolie reliure de Belz-Niédrée. Haut. : 131 mill. — Petit raccommodage au titre de la 1re partie.

Ex-libris Robert Hoe.

72. **Balzac** (J.-L. Guez de). Aristippe, ou de la Cour. *A Amsterdam, chez Daniel Elzevier*, 1664 ; pet. in-12 de 259 pp., y compris le titre gravé par P. Philippe, 24 pp. non chiff. de table et 2 ff. blancs, mar. bleu jans., large dent. int., non rog. (*A. Motte*).

Réimpression textuelle, y compris l'épître dédicatoire de Jean Elzevier « aux bourguemaistres de la ville de Leide » de la seconde des deux éditions parues à Leyde sous la date de 1658 (Willems, n° 1332).

Très bel exemplaire entièrement non rogné, dans une jolie reliure de Motte. Haut. : 144 mill.

Ex-libris Robert Hoe.

73. **Balzac** (J.-L. Guez de). Lettres familières de Monsieur de Balzac à Monsieur Chapelain. *Paris, Courbé*, 1656 ; fort vol. in-8, front. et fleuron de titre grav., mar. rouge, dos et plats ornés de fil. dor. pleins et au pointillé, dent. feuillagée encadrant les plats, fil. et dent. int. formée de rosaces, tr. dor. (*Club Bindery*).

Edition originale de ce recueil posthume, précédé d'une lettre préliminaire de Girard, archidiacre d'Angoulême, exécuteur testamentaire de l'auteur, adressée au marquis de Montauzier. Rare.

Bel exemplaire grand de marges, dans une très jolie reliure. (Légères restaurations et traces de salissures à 5 ou 6 ff.). — Ex libris Robert Hoe.

74. **Balzac** (J.-L. Guez de). Lettres choisies du sieur de Balzac. *A Amsterdam, chez les Elseviers* (*sic*), 1678 ; pet. in-12 de 12 ff., y compris le front. gravé, 404 pp. et 2 ff. blancs, mar. bleu jans., dent. int., non rog. (*A. Motte*).

Réimpression littérale de l'édition donnée par les Elzevier en 1656. (Willems, n° 1541).

Très bel exemplaire *entièrement non rogné*. — Haut. : 144 mill.

Ex libris Robert Hoe.

75. **Balzac** (J.-L. Guez de). Les Œuvres diverses du sieur de Balzac. Augmentées en cette édition de plusieurs pièces nouvelles. *A Amsterdam, chez Daniel Elzevier*, 1664 ; pet. in-12 de 8 ff. prélim. et 388 pp., mar. rouge, dos orné, fil. et large dentelle aux petits fers sur les plats, fil. int., tr. dor. (*Rel. mod.*).

Charmante édition, ornée d'un titre-frontispice gravé en taille-douce ; elle reproduit ligne pour ligne l'édition elzévirienne de Leyde, 1658. (Willems, n° 1333).

Bel exemplaire dans une jolie reliure. — Haut. : 129 mill.

76. **Bassompierre** (François de). Mémoires du mareschal de Bassompierre, contenant l'histoire de sa vie et de ce qui s'est fait de plus remarquable à la Cour de France pendant quelques années. *A*

Cologne, chez Pierre du Marteau, 1666 ; 2 vol. pet. in-12, mar. rouge, fil. dor. sur le dos et les plats, fil. int., tr. dor. (*Rel. anglaise du XVIII*e siècle).

Seconde édition, s'annexant à la collection des Elzevier, aussi jolie que celle de 1665. Elle a été imprimée à La Haye par les frères Steucker .(Willems, n° 891). — Haut : 129 mill.
Ex libris Robert Hoe.

77. **Bassompierre** (François de). Remarques de Monsieur le Mareschal de Bassompierre sur les vies des Roys Henry IV et Louys XIII, de Dupleix. *A Paris, chez Pierre Bienfait*, 1665 ; pet. in-12 de 1 f. pour le titre et 544 pp., mar. rouge jans., large dent. int., tr. dor. (*Trautz-Bauzonnet*).

Edition originale de ces observations critiques sur l'ouvrage de César Dupleix. Très rare. — Ces remarques, qui n'étaient pas destinées à voir le jour, furent publiées sans le consentement de Bassompierre par un minime auquel il les avait confiées.
Très bel exemplaire, dans une jolie reliure de Trautz-Bauzonnet.
Ex-libris Robert Hoe.

78. **Benserade** (Isaac de). Les Œuvres de Monsieur de Bensserade. *A Paris, chez Ch. de Sercy, au Palais.... à la bonne Foy couronnée*, 1697 ; 2 vol. pet. in-8, mar. rouge, dos orné aux petits fers, fil. sur les plats, large dent. int., tr. dor. (*Trautz-Bauzonnet*).

Première édition collective des œuvres de ce poète bel esprit, donnée par P. Tallemant, célèbre poète galant, cousin de Tallemant des Réaux. Elle est ornée de 2 frontispices en taille-douce par *Le Doyen*, et de nombreux fleurons et culs-de-lampe gravés sur bois.
Très bel exemplaire, dans une jolie reliure de Trautz-Bauzonnet.
Ex-libris Robert Hoe.

79. **Beys** (Charles). Les Œvvres poetiqves dv Sievr Beys non encore mises en lumiere. *A Paris, chez Thomas Jolly*, 1652 ; in-4 de 20 ff. prélim., y compris le titre et le front. gravé, et 260 pp., mar. rouge foncé à long grain, dos orné, compart. de fil. et riches dent. dor. sur les plats, dent. int., tr. dor. (*Rel. anglaise mod.*).

Edition originale, ornée d'un beau frontispice gravé, daté de 1651. Brunet cite par erreur un exemplaire de 1651 dont il n'avait vu que le frontispice.
Ce recueil varié contient des stances, épigrammes, sixains, chansons diverses, épitaphes, épîtres en vers, un sonnet au Prince de Condé « sur sa prison », des stances et un sonnet à « Me Adam [Billaut] menuisier de Nevers », etc., etc.
Très bel exemplaire dans une jolie reliure anglaise.
Ex-libris Robert Hoe.

80. **Binet** (le P. Estienne). Abrégé des vies des principaux fondateurs des religions de l'Eglise représentés dans le chœur de l'abbaye de S. Lambert de Liessies en Haynault, avec les maximes spirituelles de chaque fondateur et leurs portraits gravés en taille-douce (par

Corn. et T. Galle). *Anvers, Martin Nutius*, 1634 ; pet. in-4, veau marb., dos orné, pet. dent. sur les plats, tr. jasp. (*Aitken*).

Recueil orné de 1 frontispice, 1 grande figure allégorique et 38 beaux portraits en médaillon, entourés d'encadrements, dessinés et gravés en taille douce par *C. et T. Galle*. (Le titre manque).
Ex-libris Robert Hoe.

81. **Boileau.** Œuvres diverses du sieur Boileau-Despréaux : avec le traité du Sublime ou du Merveilleux dans le Discours, traduit du grec de Longin. Nouvelle édition reveuë et augmentée. *A Paris, chez Denys Thierry*, 1701 ; 2 vol. in-12, mar. rouge jans., large dent. int., tr. dor. (*Chambolle-Duru*).

Véritable dernière édition donnée par Boileau, connue sous le nom d'*Edition favorite*, imprimée quatre mois après l'in-4 et contenant des corrections et leçons nouvelles.
Précieuse édition, ornée de 1 frontispice gravé par *Landry*, 1 fleuron et 1 initiale ornée, gravés en tête du « Discours au roi », et 2 figures de *Chauveau* pour le « Lutrin ».
Très bel exemplaire ,dans une jolie reliure de Chambolle Duru. — Haut. : 162 mill.

82. **Boldoni** (Octavius). Theatrvm temporanevm æternitati Cæsaris Montii S. R. E. cardinalis et archiep. Mediolanen. sacrvm. Octavio Boldonio clerico regulari S. Pauli auctore... *Mediolani, Pontius*, 1636 ; in-fol. de 14 ff. prélim., y compris le frontispice, 183 pp. chiff. et 1 f. non chiff., mar. rouge, dos orné, comp. de fil. à froid et larges fleurons dor. aux angles, dent. int., tête dor., non rog. (*Smeers*).

Très joli livre d'emblèmes, contenant un frontispice, un titre orné et 60 figures, dont plusieurs à toute page, dessinées et gravées en taille-douce par *J.-P. Bianchi*
Exemplaire du PREMIER TIRAGE, à toutes marges.
Ex libris Robert Hoe.

83. **Brantôme.** Œuvres. *A Leyde*, 1666-1722 ; 7 vol. pet. in-12, mar. rouge, dos orné, fil. à froid sur les plats, dent. int., *non rog.* (*Bauzonnet-Trautz*).

Collection comprenant :
I. Mémoires de Messire Pierre de Bourdeille, seigneur de Brantôme, contenans les vies des Hommes illustres et grands capitaines françois de son temps. *A Leyde, chez Jean Sambix le jeune, à la Sphère*, 1666 ; 4 vol.
II. Mémoires de Messire Pierre de Bourdeille, seigneur de Brantôme, contenans les vies des Dames galantes de son temps. *Ibid., id.* ; 1666 ; 2 vol.
Edition exécutée à Amsterdam, vraisemblablement dans l'officine d'Abraham Wolfgang.
III. Mémoires de M. Pierre de Bourdeille, seigneur de Brantôme, contenans les anecdotes de la Cour de France, sous les roys Henri II, Henry III et IV, touchant les duels. *Ibid., id.*, 1722 ; 1 vol.
Cette édition des œuvres de Brantôme, qui est l'originale, a été exécutée aux frais des frères Jean et Daniel Steucker à la Haye. Elle fait partie de la Collection des Elzevier. (Willems, n° 1369, 1749).
Superbe exemplaire *non rogné* dans une très jolie reliure de Bauzonnet-Trautz ayant appartenu au baron de Buble avec son ex-libris et son chiffre au dos de la reliure. — Haut. : 139 mill.

84. **Bussy-Rabutin** (Roger, comte de). Histoire amoureuse des Gaules. *S. l. n. d.* (*Bruxelles, Foppens*); pet. in-12 de 244-12 pp. chiff., front. à *La Renommée* signé *Bus inv.*, *Rabut exc.*, mar. La Vallière, dos orné aux petits fers, fil. sur les plats, dent. int., tr. dor. (*Bauzonnet-Trautz*).

Edition qui s'annexe à la collection des Elzevier, la plus belle et la plus complète.
Le titre-courant porte *Histoire amoureuse de France.*
Cette édition contient les noms propres dans le texte au lieu d'une clef. L'ouvrage se termine par les *Maximes d'amour*, et est suivi de la *Copie d'une lettre écrite au duc de Saint Aignan par le comte de Bussy du 12 novembre* 1665, formant 12 pp. avec pagination particulière.
Bel exemplaire grand de marges (haut. : 129 mill). dans une jolie reliure de Bauzonnet-Trautz. (Le feuillet intercalaire contenant le cantique de *Deodatus* manque).

85. **Caylus** (Marquise de). Les Souvenirs de Madame Caylus. *A Amsterdam, chez Jean Robert*, 1770 ; in-8 de VIII et 174 pp., mar. bleu jans., large dent. int., tête dor., non rog. (*Belz-Niédrée*).

Édition originale publiée par Voltaire, avec une préface et des notes. Rare.
Madame de Caylus, nièce de Mme de Maintenon, dit Voltaire dans sa préface, parle de ce qu'elle a entendu dire et de ce qu'elle a vu, avec une vérité qui doit détruire à jamais toutes les impostures imprimées... Ses *Souvenirs* serviront surtout à faire oublier cette foule de misérables écrits sur la Cour de Louis XIV, dont l'Europe a été inondée par des écrivains faméliques qui n'avaient jamais connu ni cette Cour, ni Paris.
Exemplaire non rogné.

86. **César** (Jules). Les Commentaires de César, de la traduction de N. Perrot, sieur d'Ablancourt. *A Rouen, et se vendent à Paris, chez Louis Billaine*, 1665 ; pet. in-12 de 16 ff. prélim. et 519 pp., demi-rel. chag. rouge avec coins, dos orné, tr. marb.

Première édition de cette traduction célèbre. Quoique le titre de ce volume porte Rouen, il est reconnu qu'un typographe hollandais, Daniel Elzevier ou Abr. Wolfgang, en a imprimé les feuilles jusqu'à F. inclusivement, et que Louis Maurry, de Rouen, l'a terminé. (Willems, n° 1736).

87. [**Chalussay** (Le Boulanger de)]. La critique du Tartuffe, comédie. *A Paris, chez G. Quinet*, 1670 ; pet. in-8 de 4 ff. prélim. et 52 pp., vélin. (*Rel. de l'époque*).

Pièce célèbre qui valut à l'auteur un procès retentissant que lui intenta Molière. — Très rare.
Ex-libris Robert Hoe.

88. **Charron** (Pierre). De la Sagesse, trois livres, par Pierre Charron, parisien, docteur ès droicts, suivant la vraye copie de Bourdeaux. *A Amsterdam, chez Louys et Daniel Elzevier* [marque : *la Minerve*], 1662 ; pet. in-12 de 8 ff. prélim., y compris le frontispice gravé et le titre imp., 622 pp. et 4 ff. de table, mar. citron, dos orné aux petits fers et au pointillé avec pièces de titre en mar. rouge, comp.

de fil. sur les plats avec fleurons aux angles, large dent. int., tr. dor. (*Bedford*).

Dernière des quatre éditions elzéviriennes et la seule que les Elzevier d'Amsterdam aient donnée de ce livre. Elle est fort bien exécutée (Willems, n° 1281).
Bel exemplaire dans une superbe reliure de Bedford. Haut. : 129 mill.
Ex-libris Robert Hoe.

89. **Commines** (Philippe de). Les Mémoires de messire Philippe de Commines, sieur d'Argenton. Dernière édition. *A Leide, chez les Elzeviers*, 1648 ; pet. in-12 de 12 ff. prélim., 765 pp. chiff. et 19 pp. non chiff., pour la table, mar. bleu, dos orné aux petits fers, plats couverts d'entrelacs de fil. droits et cintrés avec volutes, branches de feuillage et fleurs de lis, dent. int., tr. dor. (*Capé*).

Superbe édition, un des chefs d'œuvre d'impression de Bonaventure et Abraham Elzevier, de Leyde ; elle est ornée d'un titre frontispice avec portraits en médaillon, dont ceux de Louis XI et de Commines. (Willems, n° 634).
Bel exemplaire grand de marges, dans une très remarquable reliure de Capé. Haut. : 132 mill.
Ex-libris Robert Hoe.

90. **Conjuration** (La) du comte Jean-Louis de Fiesque. *A Cologne*, [marque : *la Sphère*], 1665 ; pet. in-12 de 136 pp., mar. vert, dos orné aux petits fers, fil. sur les plats, dent. int., tr. dor. (*Bauzonnet-Trautz*).

Cet opuscule fait partie des Mémoires du Cardinal de Retz, qui l'a composé à l'âge de 18 ans pour faire suite à la *Congiura del conte G. Luigi de Fieschi* (1629).
Seconde édition, dite *à la Sphère*, imprimée en beaux caractères ronds ; elle sort des presses de Daniel Elzevier d'Amsterdam et paru la même année que l'originale de Claude Barbin. (Willems, n° 1352). — Haut. : 134 mill.
Jolie reliure de Bauzonnet-Trautz.

91. [**CORNEILLE** (Pierre)]. L'Illusion comique, comédie. *A Paris, chez François Targa*, 1639 ; in-4 de 4 ff. prélim., y compris le titre, et 124 pp. pour la pièce, mar. rouge jans., large dent. int., tr. dor. (*Chambolle-Duru*).

Edition originale.
La première représentation de cette pièce, en 1636, obtint un vif succès, et précéda de quelques mois seulement celle du *Cid*.
Très bel exemplaire grand de marges, dans une jolie reliure de Chambolle-Duru. — Haut. : 224 mill.
Ex-libris Robert Hoe.

92. **Corneille** (Pierre). Le Cid, tragi-comédie par Monsr Corneille. *Suivant la copie imprimée à Paris*, [marque : *la Sphère*], 1644 ; pet. in-12 de 87 pp., mar. rouge jans., dent. int., tr. dor. (*Marius-Michel*).

Jolie édition publiée à Leyde par Bonaventure et Abraham Elzevier.
Bel exemplaire relié par Marius-Michel, de la seconde édition, avec le fleuron à la *tête de buffle* en haut de la dédicace. — Haut : 118 mill. 1/2. (Willems, n° 568).

L'ILLVSION COMIQVE COMEDIE.

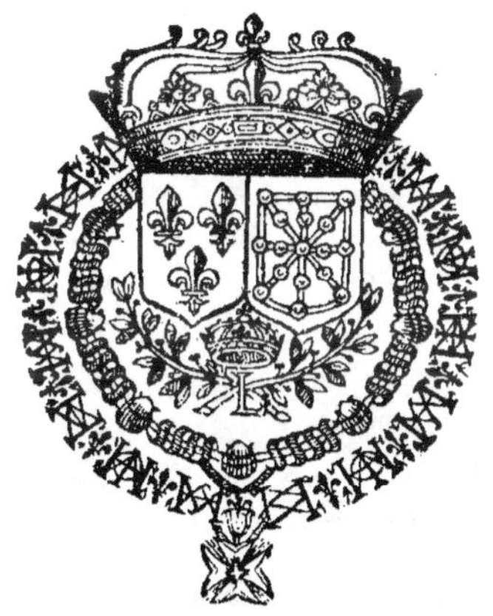

A PARIS,
Chez FRANCOIS TARGA, au premier pillier de la grand'Salle du Palais, deuant la Chapelle, au Soleil d'or.

M. DC. XXXIX.
AVEC PRIVILEGE DV ROY.

N° 91. — Pierre CORNEILLE
L'Illusion comique

93. **Corneille** (Pierre). Cinna ou la clémence d'Auguste. *Suivant la copie imprimée à Paris* [marque : *la Sphère*], 1644 ; pet. in-12 de 84 pp. et 1 f. blanc, mar. rouge, large dent. int., tr. dor. (*Marius-Michel*).

Jolie réimpression de l'édition originale. (Touss. Quinet, 1643), publiée à Leyde par Bonaventure et Abraham Elzevier. (Willems, n° 566).
Bel exemplaire dans une jolie reliure de Marius Michel. — Haut. : 119 mill.

94. [**Corneille** (Pierre)]. La mort de Pompée, tragédie. *A Paris, chez Antoine de Sommaville et Augustin Courbé*, 1644 ; in-4 de 8 ff. prélim., y compris le frontispice gravé, et 100 pp. chiff. pour la pièce, mar. rouge jans., large dent. int., tr. dor. (*Rel. mod.*).

Edition originale, dédiée au Cardinal Mazarin, ornée d'un frontispice par *Chauveau* représentant le meurtre de Pompée assassiné dans une barque à la vue de l'armée romaine.
Très bel exemplaire, grand de marges, dans une jolie reliure. — Haut. : 219 mill.

95. [**Corneille** (Pierre)]. Le Menteur, comédie. *Imprimé à Roüen, et se vend à Paris, chez Antoine de Sommaville et Augustin Courbé*, 1644 ; in-4 de 4 ff. prélim. (titre, épître dédicatoire et liste des acteurs) et 130 pp. chiff., plus 1 feuillet pour le privilège, mar. rouge, dos orné aux petits fers, 3 fil. sur les plats, large dent. int., tr. dor. (*Lortic*).

Edition originale, très rare. — Bel exemplaire dans une jolie reliure de Lortic.
Ex-libris Ambr.-Firmin Didot et Léon Rattier.

96. [**Corneille** (Pierre)]. La Suite du Menteur, comédie. *Imprimé à Roüen, et se vend à Paris, chez Antoine de Sommaville et Augustin Courbé*, 1645 ; in-4 de 6 ff. prélim. et 136 pp. chiff., mar. rouge, dos orné aux petits fers, fil. dor., large dent. int., tr. dor. (*Lortic*).

Edition originale, imprimée en caractères italiques, avec les notes marginales signalées par Jules Le Petit. Très rare.
La *Suite du Menteur* fut représentée vers la fin de l'année 1643 par les comédiens de la troupe du Marais.
Très bel exemplaire grand de marges, dans une jolie reliure de Lortic. — Haut. 220 mill.
Ex-libris Firmin Didot.

97. [**Corneille** (Pierre)]. D. Sanche d'Arragon (*sic*), comédie héroïque. *Imprimé à Roüen, et se vend à Paris, chez Augustin Courbé, au Palais, en la petite Salle des Merciers, à la Palme*, M DC L (1650), avec Privilège du Roy ; in-4 de 8 ff. prélim. et 116 pp., mar. rouge, dos orné aux petits fers, 3 fil. sur les plats, large dent. int., tr. dor. (*Lortic*).

Edition originale.
Superbe exemplaire très grand de marges (haut. : 220 mill.) dans une belle reliure de Lortic.
Ex-libris Firmin Didot et Robert Hoe.

98. [**CORNEILLE** (Pierre)]. **Andromède**, tragédie. Représentée avec les machines sur le Théâtre Royal de Bourbon. *A Rouen, chez Laurens Maurry, et se vendent à Paris, chez Charles de Sercy*, 1651 ; in-4 de 6 ff. prélim., y compris les titre et frontispice, 123 pp. chiff. pour la pièce et 1 page pour le privilège, mar. rouge, dos orné aux petits fers, fil. sur les plats, large dent. int., tr. dor. (*Cuzin*).

Edition originale de format in-4.

Cette pièce, qui peut être considéré comme le premier essai de pièces à machines, est ornée d'un frontispice et de 6 grandes figures repliées, gravées d'après les dessins de *Fr. Chauveau*.

Les décorations et machines d'*Andromède* furent construites par Torelli.

Très bel exemplaire grand de marges, dans une jolie reliure de Cuzin. — Haut. : 230 mill.

Ex-libris Robert Hoe.

99. [**Corneille** (Pierre)]. Nicomède, tragédie. *A Rouen, chez Laurens Maurry, près le Palais, et se vend à Paris, chez Charles de Sercy, au Palais, dans la salle Dauphine, à la bonne Foy Couronnée*, 1651 ; in-4 de 4 ff. prélim. et 124 pp., mar. rouge jans., large dent. int., tr. dor. (*Chambolle-Duru*).

Edition originale de cette pièce célèbre contenant, en particulier, de curieuses allusions à l'arrestation et à la récente mise en liberté du prince de Condé et de son frère. Très rare.

Très bel exemplaire, dans une jolie reliure de Chambolle-Duru. — Haut.: 225 mill.
Ex libris Robert Hoe.

100. **CORNEILLE** (Pierre). **L'Imitation de Jésus-Christ**. Traduite et paraphrasée en vers françois. Par P. Corneille. *Imprimée à Rouen par L. Maurry, pour Robert Ballard,... libraire... à Paris*, 1656 ; in-4 de 8 ff. prélim. non chiff., 551 pp. et 4 ff. non chiff. pour la table et le privilège, mar. rouge, dos couvert d'un semis de fleurs de lis, comp. de fil. à la Du Seuil, avec fleur de lis aux angles et armoiries au centre, sur les plats, doubl. et gardes de papier à fleurs rouges sur fond or, tr. marb. (*Rel. de l'époque*).

Première édition des quatre livres réunis. Elle est ornée de 1 frontispice et 4 figures dessinés et gravés par *F. Chauveau*.

Exemplaire aux armes de Louis de Bourbon, prince de Condé, dit le Grand Condé. — Provenance très rare. (Les coins de la reliure sont un peu usés).

101. **CORNEILLE** (Pierre). **Le Théâtre de Corneille**. Reueu et corrigé par l'autheur. *Imprimé à Rouen, et se vend à Paris, chez Augustin Courbé.... et Guillaume de Luyne*, 1660 ; 3 vol. in-8, front. gravé et fig., mar. rouge, dos orné aux petits fers et au pointillé, fil. sur les plats, large dent. int., tr. dor. (*Hardy*).

Première édition collective dans ce format.

« En 1660, Corneille... fit une nouvelle révision de son théâtre. Il agrandit le format qu'il avait précédemment adopté... mit en tête de chacun d'eux un *Discours* écrit spé-

ANDROMEDE

TRAGEDIE.

Repreſentée auec les Machines ſur le Theatre Royal de Bourbon.

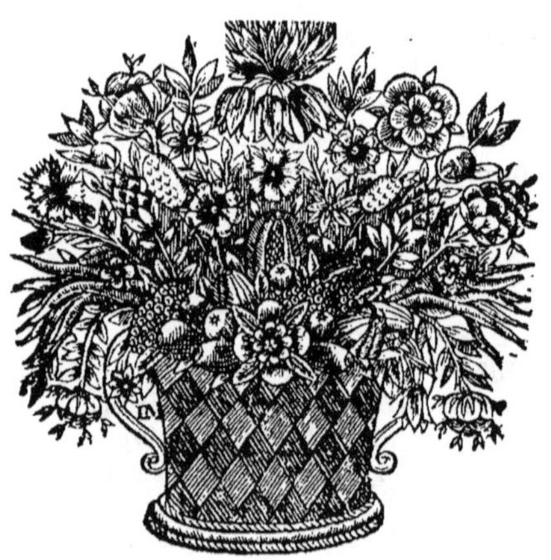

A ROVEN,
Chez LAVRENS MAVRRY, prés le Palais.

AVEC PRIVILEGE DV ROY.
M. DC. LI.

Et ſe vendent A PARIS,
Chez CHARLES DE SERCY, au Palais, dans la Salle Dauphine, à la bonne Foy Couronnée.

N° **98**. — Pierre Corneille
Andromède

cialement pour l'édition, et des *Examens* dans lesquels il passa en revue chacune de ses pièces » (Emile Picot, *Bibliogr. cornél.*, n° 106, p. 137).

Superbe exemplaire, avec les 3 frontispices gravés et les titres imprimés datés de 1660, bien complet des 23 figures dues à F. Chauveau, H. David, Matheus et L. Spirinx en très belles épreuves. Sur le titre se lit l'ex libris manuscrit de la bibliothèque de Colbert, « Bibliothecæ Colbertinæ ». — Haut. : 165 mill.

Ex libris Robert Hoe.

102. [**Courtilz de Sandras**]. La Vie du vicomte de Turenne, maréchal général des camps et armées du Roi, colonel général de la cavalerie légère de France, et gouverneur du haut et bas Limosin, par M. du Buisson (Courtilz de Sandras). *A Cologne, chez Jean de Clou*, 1685 ; in-12 de 6 ff. prélim. et 392 pp., front. gravé, portrait ajouté, mar. rouge, dos orné aux petits fers, comp. de fil. dor. sur les plats avec entrelacs aux angles, 3 fil. int., tr. dor. (*Bauzonnet*).

Première édition, ornée d'un frontispice représentant Turenne dirigeant une bataille.

On y a joint *une lettre autographe signée de* Turenne, 1 page in-4, ayant trait à des indemnités et décharges dues aux fermiers des aides.

Jolie reliure de Bauzonnet.

Ex libris Robert Hoe et Charles Cousin.

103. **Descartes**. Les Passions de l'âme, par René Des Cartes. *A Amsterdam, par Louis Elzevier, et se vendent à Paris, chez Henry Le Gras*, 1650 ; pet. in-8 de 24 ff. prélim., 286 pp. chiff. et 1 f. blanc, mar. bleu, dos orné aux petits fers, fil. dor. sur les plats, dent. int., tr. dor. (*Trautz-Bauzonnet*).

Edition rare qui n'est autre chose que l'édition originale, publiée en 1649 par Louis Elzevier et dont une partie fut vendue à Paris par le libraire Le Gras, avec des titres à son nom. Le titre daté de 1650 est un titre de relai. (Willems, n° 1083).

L'exemplaire porte, au verso du titre, les armoiries, gravées en taille-douce, de Michel Le Masle, prieur des Roches, chanoine et chantre de Notre-Dame de Paris, secrétaire de Richelieu, bibliophile de marque.

Belle reliure de Trautz-Bauzonnet.

Ex-libris Robert Hoe.

104. **Deslauriers.** Les Fantaisies de Brvscambille. Contenant plusieurs discours, paradoxes, harangues, et prologues facecieux. Reueuës et augmentées de nouueau, par l'autheur. *Paris, Jean Millot*, 1615 ; pet. in-8 de 4 ff. prélim., dont le frontispice gravé et le titre imprimé, 325 pp. de texte et 3 pp. de table, mar. citron, dos orné aux petits fers et au pointillé, fil. sur les plats, large dent. int., tr. dor. (*Trautz-Bauzonnet*).

Seconde édition de ce livre facétieux, aussi rare que la première, parue à Bordeaux, en 1612.

Très bel exemplaire, dans une jolie reliure de Trautz-Bauzonnet.

105. **Du Bellay** (Martin). Les Mémoires de Mess. Martin Du Bellay, Seigneur de Langey. Contenans le discours de plusieurs choses avenües au royaume de France, depuis l'an M.D.XIII, jusques au

trespas du roy François premier, ausquels l'autheur a inséré trois livres et quelques fragmens des Ogdoades de Mess. Guillaume Du Bellay, seigneur de Langey, son frère. *A Paris, chez P. l'Huillier, à l'enseigne de l'Olivier*, 1573 ; fort vol. in-8, mar. La Vallière, dos orné de fleurons dor. et fil. à froid, comp. de fil. dor. et bandes de mar. noir avec fleurons aux angles, milieux formés d'entrelacs sur fond azuré, large dent. int., tr. dor. (*Claessens*).

Seconde édition dans ce format. Le titre porte « Œuvre mis nouvellement en lumière... par René de Bellay... héritier d'iceluy Martin du Bellay ».

Bel exemplaire grand de marges, dans une jolie reliure de Claessens dans le style de XVIe siècle.

106. **Epictète.** Les Morales d'Epictete, de Socrate, de Plutarque et de Seneque (extraites et traduites en français par Jean Desmarets de Saint-Sorlin). *Au chasteau de Richelieu, de l'imprimerie d'Estienne Migon*, 1653 ; pet. in-8 de 1 f. pour le titre, 196 pp., 5 ff. de table et 1 f. blanc, mar. violet, dos sans nerfs orné de rosaces, losanges au pointillé et fleurons dor., comp. de fil. et dentelles sur les plats, avec ornements aux angles sur les plats, dent. int., doubl. et gardes de moire citron, tr. dor. (*Rel. de la fin du XVIIIe siècle*).

Edition originale de la traduction française donnée par Jean Desmarets de Saint-Sorlin, illustre poète et critique du début du XVIIe siècle.

Livre très rare, sorti des presses du Cardinal de Richelieu.

Très bel exemplaire dans une très jolie reliure de Bradel-Derome.

Ex-libris Rober Hoe.

107. **Furetière** (Antoine). Le Roman bourgeois. Ouvrage comique. *A Paris, chez Denis Thierry*, 1666 ; in-8 de 6 ff. prélim. non chiff. et 700 pp. chiff. pour le texte, mar. rouge jans., dent. int., tr. dor. (*Kauffmann*).

Edition originale, avec le curieux frontispice gravé représentant une des scènes du roman, qui manque souvent, et la dédicace « à Guillaume dit S. Aubin, maistre des Hautes Œuvres de la Ville, prevosté et vicomté de Paris » (page 672).

Bel exemplaire dans une jolie reliure de Kauffmann.

108. **Gissey** (Odon de), S. J. Les Emblesmes et Devises du Roy, des princes et Seigneurs qui l'accompagnerent en la calvacate royale et course de bagne que sa Majesté fit au Palais Cardinal. (*Paris*), 1656, *recüeillies et dédiées* (*sic*) *à son Altesse de Guise par Gissey* ; pet. in-4 de 2 ff. prél. dont le titre orné des armes de Henri II de Lorraine, duc de Guise, et la dédicace gravée au duc de Guise, et 25 ff. d'emblèmes, mar. rouge, dos orné de fil. or et noir, comp. de 3 fil. dor. et de 5 fil. noirs, milieux ornés d'entrelacs gaufrés à froid sur fond noir, entourés d'un ovale dor., fleurons dor. aux angles, fil. int., tr. dor. (*Rivière*).

Précieux recueil d'emblèmes contenant un titre, orné des armes du duc de Guise, une dédicace gravée et 25 emblèmes gravés des grandes familles de France, tels que ceux du roi Louis XIV, du comte de Vivonne, du comte de Guiche, du comte de La Feuillade, du duc de Guise, du marquis de Richelieu, du chevalier de Rohan, du prince de Marcillac, du marquis d'Humières, du comte du Lude, etc.

Recueil très rare dans une très belle reliure de Rivière, à l'imitation des reliures du XVIe siècle.

Ex-libris Robert Hoe.

109. [**Grimarest**]. La Vie de M. de Molière (par Jean-Léonard Le Gallois, sieur de Grimarest). *A Amsterdam, chez Henry Desbordes*, 1705 ; in-12 de 200 pp. et 4 ff. pour la table, mar. brun, dos orné à la grotesque, fil. sur les plats, large dent. int., tr. dor. (*Rel. mod.*).

Seconde édition, revue et corrigée, de cette première biographie de Molière, ornée d'un joli portrait par Mignard.

Exemplaire relié sur brochure. (Petits raccomm. insignifiants au titre).

110. **GUIDETTO** (J.). **Cantus Ecclesiasticus** officii majoris hebdomæ. A Joanne Guidetto Bononiensi Basilicæ Vaticanæ clerico beneficiato olim collectus..., nunc autem a Francisco Suriano Romano.... emendatus.... Officium vero a S. Manlilio Romano... restitutum. *Romae, ex typographia Andreæ Phæi*, 1619; in-fol. de 2 ff. prélim. et 132 pp., mar. rouge, dos fleurdelisé, plats ornés de deux grandes compositions (la scène est la même sur chaque plat) exécutées au filet d'or et teintées en noir, avec parties de vélin peintes représentant deux moines auréolés conversant au milieu de beaux décors d'architecture, large dentelle formée de fleurons et fleurs de lis encadrant les sujets, tr. dor. (*Rel. italienne de l'époque*).

Précieux recueil avec plain chant noté, imprimé en rouge et noir, orné d'une composition à pleine page signée C. C. « La Sainte Cène » et de nombreuses initiales historiées (réparation au 2e feuillet prélim. et cassure sur le bord du titre).

Curieuse reliure italienne du XVIIe siècle.

111. **Guise** (Henri II de Lorraine, duc de). Les Mémoires de feu Monsieur le duc de Guise. Première [et seconde] partie. *A Cologne, chez Pierre de la Place*, 1668 ; 2 vol. pet. in-12 de 4 ff. prélim., 458 pp. et 1 f. blanc, pour le 1er vol., et 283 pp. et 2 ff. blancs, pour le 2e vol., mar. rouge jans., dent. int., tr. dor. (*Belz-Niédrée*).

Edition qui s'annexe à la collection elzévirienne, de ces mémoires qui furent publiés par Saint-Yon, secrétaire du duc de Guise, précédée d'un éloge par le duc de Saint-Aignan.

Bel exemplaire de la bonne édition, qui sort des presses des frères Steucker, à La Haye, avec les signatures en 6 et le cul-de-lampe final aux fruits suspendus. (Willems, n° 1790). — Haut.: 136 mill.

Ex-libris de Saint-Geniès.

112. [**Hamilton** (Antoine)]. Mémoires de la vie du comte de Grammont, contenant particulièrement l'histoire amoureuse de la cour d'Angleterre sous le règne de Charles II. *A Cologne, chez Pierre*

Marteau, 1713 ; in-12 de IV-426 pp., plus 2 ff. pour la table, mar. brun jans., dent. int., tr. dor. (*Brany*).

Edition originale, présentant cette particularité qu'un grand nombre de mots y sont imprimés en italique pour mieux les signaler à l'attention du lecteur.
Bel exemplaire dans une jolie reliure de Brany. — Haut. : 157 mill.
Ex-libris Robert Hoe.

113. **Histoire** des amours de Henry IV, avec diverses lettres escrites à ses maîtresses, et autres pièces curieuses. *A Leyde, chez Jean Sambyx*, 1663 ; pet. in-12, mar. vert, dos sans nerfs orné de fil. et fleurons, fil. sur les plats avec rosaces aux angles, dent. int., tr. dor. (*Derome*).

Seconde édition sous ce titre. — Cet opuscule, attribué, mais à tort à Louise Marguerite de Lorraine, princesse de Conti, est une réimpression faite à Bruxelles par Foppens, des *Amours du grand Alcandre, en laquelle sous des noms empruntez se lisent les adventures amoureuses d'un grand prince du dernier siècle*. Paris, 1652. — A la suite des *Amours*, qui forment 93 pp., se trouvent les *Epîtres du roi Henri IV escrites à Mesdames la duchesse de Beaufort et la marquise de Verneuil, extraites des originaux trouvés dans la cassette de Mlle d'Esloges après sa mort* (pp. 94 à 142) et *Recueil de quelques belles actions et paroles memorables du Roy Henry le Grand* ; 46 pp. (Willems, n° 2000).
Très bel exemplaire dans une jolie reliure de Derome, avec *son étiquette*. — Sur le titre, signature de *Chauny de Bueil*. — Ex-libris Robert Hoe.

114. **Histoire** secrette de la duchesse de Portsmouth. Où l'on verra une rélation (*sic*) des intrigues de la cour du R[oi] Ch. II, durant le ministére de cette duchesse et une rélation aussi de la mort de ce prince. *Traduit de la Copie angloise imprimée à Londres, chez Richard Baldwin, en* 1690. *S. l.* [marque : *la Sphère*], in-12 de 6 ff. prélim. et 192 pp., mar. bleu jans., dent. int., non rogné. (*Hardy-Mennil*).

Traduction française, ornée d'un frontispice gravé, parue en Hollande, de ce pamphlet publié la même année, à Londres. Très rare.
Louis Penhoet Keronal, duchesse de Portsmouth, fille d'honneur de Madame (Henriette, première femme de Monsieur, frère de Louis XIV) se rendit célèbre par ses intrigues à la cour de Charles II.
Bel exemplaire réglé, entièrement non rogné.
Ex-libris Robert Hoe.

115. **Homère.** Speculum heroicum principis omnium temporum poëtarum Homeri, id est argumenta xxiiij librorum Iliados. Les XXIIII livres d'Homère. Reduict en tables demonstratives figurées par Crespin de Passe, excellent graveur. Chaque livre rédigé en argument poëticque, par le sieur Hillaire, sieur de la Rivière rouennois. *Prostant in officina Cr. Passaei calcographi, Trajecti Batavorum*, (*Utrecht*), 1613 ; in-4 de 10 ff. prélim., 24 ff. chiff. et 4 ff. non chiff. pour les épitaphes, mar. olive jans., large dent. int., tr. dor. (*Hardy*).

Recueil illustré de 1 titre orné du portrait d'Homère, d'un portrait de Hillaire de la

Rivière et de 24 gravures en taille douce par *Crispin de Pas*, accompagnées d'extraits d'Homère en vers latins et en vers grecs.

Très bel exemplaire dans une jolie reliure de Hardy.

Rarissime en cette condition. — Ex libris Gonse.

116. **Josèphe** (Flavius). Histoire des Juifs, écrite par Flavius Joseph sous le titre de *Antiquitez judaiques*. Traduite sur l'original grec et reveu sur divers manuscrits par Monsieur Arnauld d'Andilly. Nouvelle édition. *A Paris, chez Louis Roulland*, 1696 ; 5 vol. in-12, mar. rouge, fil. à froid sur le dos et les plats, doublé de mar. olive, dent. int., tr. dor. (*Rel. de l'époque*).

Traduction très recherchée, ornée de jolies figures en taille-douce par *F. Chauveau*. Remarquable reliure doublée de Boyet.

Ex libris Robert Hoe.

117. **LA BRUYÈRE. Les Caractères de Théophraste**, traduits du grec, avec les Caractères ou les Mœurs de ce siècle. *A Paris, chez Estienne Michallet, premier imprimeur du roy, ruë S.-Jacques, à l'Image Saint-Paul*, 1688 ; in-12, mar. brun jans., dent. int., tr. dor. (*Trautz-Bauzonnet*).

Première édition originale des *Caractères* de La Bruyère. Elle se compose de 30 feuillets préliminaires non chiffrés, contenant le titre, dont le verso est blanc, et le *Discours sur Théophastre* ; — texte commençant à la page 53, par le sous-titre : *Les caractères de Théophraste, traduits du grec*, et se continuant (pour ce premier ouvrage) jusqu'à la page 149 ; ensuite une page blanche ; au recto du feuillet suivant, le faux-titre : *Les Caractères ou les mœurs de ce siècle*, avec verso blanc ; le texte de La Bruyère commençant à la page 153 et se terminant à la page 360 ; enfin, un feuillet au recto duquel est l'*Extrait du Privilège*, daté du 8 octobre 1687, accordé à Estienne Michallet.

Très bel exemplaire grand de marges (haut. : 152 mill.), renfermant après l'extrait du privilège, l'*errata*, qui contient, comme on sait, deux renvois qui ne correspondent pas (268 pour 288 ; et 344 pour 345), dans une jolie reliure de Trautz-Bauzonnet.

118. **La Bruyère.** Les Caractères de Théophraste, traduits du grec, avec les Caractères ou les Mœurs de ce siècle. Neuvième édition, revûë et corrigée. *A Paris, chez Estienne Michallet, premier imprimeur du roy, ruë S.-Jacques, à l'Image S.-Paul, M.DC.CXVI* (*sic*) [1696] ; in-12 de 16 ff. prélimin. y compris le titre rouge et noir, 662 pp. chiff., xliv pp. chiff. pour le « Discours à l'Académie françoise », 2 ff. non chiff. pour la table et 1 f. pour le privilège, mar. rouge, dos orné à petits fers et au pointillé, 3 fil. dor., large dent. int., tr. dor. (*Cuzin*).

« Neuvième et dernière édition originale, présentant le texte définitif de La Bruyère, avec ses dernières retouches. Bayle dit qu'elle parut peu de jours après sa mort. L'auteur d'une clef manuscrite fixe la mort de La Bruyère au vendredi 11 mai 1696 et dit que cette édition parut trois semaines après sa mort. Cette édition est *reveuë et corrigée*, mais non augmentée. L'auteur avait considéré son œuvre comme terminée à la huitième édition. C'est le texte de l'édition précédente, mais avec des variantes et des corrections ». [Cf. A. Claudin, Cat. Rochebilière, I, p. 339, n° 642].

Très bel exemplaire dans lequel est ajouté un superbe portrait de La Bruyère gravé par Savart, d'après de Saint-Jean. — Haut. : 158 mill. 1/2. — Jolie reliure de Cuzin.

Ex libris Robert Hoe.

119. **La Chambre** (Marin Cureau de). L'Art de connoistre les hommes. *A Amsterdam, chez Jacques le jeune* (Louis et Daniel Elzevier), 1660 ; pet. in-12 de 6 ff. prélim., y compris le titre-front. gravé, 278 pp. et 4 ff. de table, mar. rouge, dos orné aux petits fers, fil. sur les plats, dent. int., tr. dor. (*Capé*).

Edition originale.
Exemplaire de la bonne édition, avec le feuillet blanc à la suite du titre-frontispice et l'erratum à la fin. (Willems, n° 1260).
Haut. : 126 mill. — Ex-libris Robert Hoe.

120. **La Chambre** (Marin Cureau de). Les Charactères des Passions, par le sieur de la Chambre, médecin de Monseigneur le chancelier. *A Amsterdam, chez Antoine Michel*, 1658-1663, [marque : *la Sphère*] ; 3 vol. pet. in-12, titre gravé en taille-douce, mar. vert jans., dent. int., tr. dor. (*Thibaron-Joly*).

Ouvrage imprimé en très beaux caractères typographiques, qui sort incontestablement des presses elzéviriennes d'Amsterdam, et figure avec l'astérique au catalogue de 1681. « On comprend très bien, dit Millot, pourquoi les Elzevier ont donné tant de soins à l'impression de cet ouvrage de De La Chambre : c'est que l'auteur était le médecin du chancelier, auquel il dédiait les *Caractères des Passions*, et que le chancelier était le protecteur des Elzevier et un grand amateur de leurs éditions ». (Willems, n° 1233).
Edition originale de ce livre curieux qui, pour la première fois, enseignait d'une façon agréable aux femmes et aux beaux esprits les principes généraux de cette science d'aspect un peu aride.
Superbe exemplaire du premier tirage, grand de marges (haut. : 133 mill.), dans une jolie reliure de Thibaron-Joly.
Ex-libris Robert Hoe.

121. **La Fayette** (Marie-Madeleine Pioche de La Vergne, comtesse de). Histoire de Madame Henriette d'Angleterre, première femme de Philippe de France, duc d'Orléans, par dame Marie de La Vergne, comtesse de La Fayette. *A Amsterdam, chez Michel Charles le Cene*, 1720 ; in-12 de 4 ff. prélim. et 220 pp., veau éc., dos orné, fil. à froid, tr. marb. (*Rel. de l'époque*).

Seconde édition parue la même année que l'originale. Rare.
Ex-libris de Vaucresson, gravé par Beaumont (XVIIIe siècle).

122. [**LA FAYETTE** (Marie-Madeleine Pioche de La Vergne, comtesse de)]. **La Princesse de Clèves.** *A Paris, chez Claude Barbin*, 1678 ; 4 tom. en 2 vol. pet. in-12, mar. bleu, dos orné aux petits fers, 3 fil. sur les plats, dent. int., tr. dor. (*Trautz-Bauzonnet*).

Edition originale. Très rare.
Très bel exemplaire, auquel on a joint un portrait de la comtesse de La Fayette, en médaillon, *dessin original, à la mine de plomb*, par Malpertuy.
Jolie reliure de Trautz-Bauzonnet. — Les ff. blancs signalés par Jules Le Petit manquent.
Ex-libris Quentin-Bauchart.

123. **LA FAYETTE** (Marie-Madeleine Pioche de La Vergne, comtesse de)]. **La Princesse de Monpensier.** *A Paris, chez Charles de Sercy*, 1662 ; pet. in-8 de 4 ff. prélim. non chiff. et pp. 3-142, mar. rouge, dos orné aux petits fers, fil. sur les plats, doublé de mar. bleu, large dent. int., tr. dor. (*Chambolle-Duru*).

LA

PRINCESSE

DE

MONPENSIER.

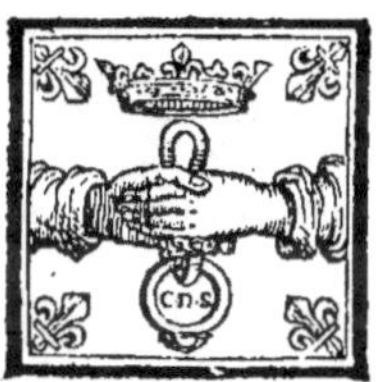

A PARIS,

Chez Charles de Sercy, au Palais, dans la Salle Dauphine, à la Bonne Foy couronnée.

M. DC. LXII.

Avec Privilege du Roy.

Édition originale. Très rare (le faux-titre signalé par Le Petit après l'achevé d'imprimer manque).

Très bel exemplaire grand de marges, dans une superbe reliure doublée de Chambolle.

124. [**La Fayette** (Marie-Madeleine Pioche de La Vergne, comtesse de]. Zayde, histoire espagnole, par Monsieur de Segrais (Mme de Lafayette). Avec un traitté de l'origine des romans, par Monsieur Huet. *A Paris, chez Claude Barbin*, 1670-1671 ; 2 vol. in-12, mar. rouge jans., riche dent. int., tr. dor. (*Chambolle-Duru*).

Édition originale.

Le titre de ce roman porte le nom de Segrais seul, mais le principal auteur est la comtesse de La Fayette.

Très bel exemplaire à grandes marges, dans une jolie reliure de Chambolle.

125. **La Fontaine** (Jean de). Les Amours de Psiché et de Cupidon, par M. de La Fontaine. *A Paris, chez Claude Barbin*, 1669 ; in-8 de 12 ff. prélim. et 500 pp., mar. bleu, dos orné de fleurs et volutes de feuillage, 3 fil. sur les plats, dent. int., tr. dor. (*Trautz-Bauzonnet*).

Edition originale de ce roman et du poème d'*Adonis*, imprimé à la suite ; elle est dédiée à la duchesse de Bouillon.

Très bel exemplaire, dans une jolie reliure de Trautz-Bauzonnet.

126. **La Fontaine** (Jean de). Contes et Nouvelles en vers de Monsieur de La Fontaine. Nouvelle édition enrichie de tailles-douces. *A Amsterdam, chez Henry Desbordes*, 1685 ; 2 tom. en 1 vol. in-12, mar. bleu, dos orné aux petits fers, comp. de fil. avec fleurons aux angles, dent. int., tr. dor. (*Capé*).

Seconde édition collective complète (moins les ouvrages de prose et de poésie de Maucroy et de La Fontaine et le conte du *Quiproquo*, publié seulement en 1696 dans les œuvres posthumes), illustrée de 1 frontispice et 58 figures à mi-page, gravés sur cuivre d'après Romain de Hooge.

Très bel exemplaire dans une jolie reliure de Capé.

127. [**La Fontaine** (Jean de)]. L'Eunuque, comédie. *A Paris, chez Augustin Courbé*, 1654 ; in-4 de 4 ff. prélim., y compris le titre, 149 pp. chiff. pour la pièce et 3 pp. non chiff. pour le privilège, mar. rouge jans., large dent. int., tr. dor. (*Mercier, succ. de Cuzin*).

Edition originale du premier ouvrage de La Fontaine, composé à l'imitation de Térence ; elle est imprimée en caractères italiques et ornée d'une vignette gravée en taille-douce sur le titre et en tête de chaque acte, d'un fleuron gravé sur bois, style Renaissance. De toute rareté.

Très bel exemplaire, grand de marges, dans une jolie reliure de Mercier. — Haut. 223 mill.

Ex-libris Robert Hoe.

128. **LA FONTAINE** (Jean de). **Fables choisies**, mises en vers par M. de La Fontaine. *A Paris, chez Denys Thierry*, 1669 ; 1 vol. — Fables choisies... Seconde partie. *A Paris, chez Claude Barbin*, 1668 ; 1 vol. — Fables choisies... Troisième partie. *A Paris, chez Denys Thierry et Claude Barbin*, 1678 ; 1 vol. — Fables choisies... Quatrième partie. *Ibid., id.*, 1679 ; 1 vol. — Fables choisies. Par M. de La Fontaine. *A Paris, chez Claude Barbin*, 1694 ; 1 vol. — Ens. 5 vol. in-12, mar. rouge jans., dent. int., tr. dor. (*Thibaron-Joly*).

Première édition complète des *Fables*, formant douze livres et la seule dit Brunet qui ait été imprimée sous les yeux de La Fontaine ; elle est ornée de nombreuses figures à mi-page par *F. Chauveau* et *N. Guérard*.

Le premier volume est la réimposition décrite sous le n° 8, par M. de Rochambeau.

dans sa *Bibliographie des œuvres de La Fontaine* ; le titre est orné des armoiries du Dauphin gravées sur cuivre. Les quatre autres volumes sont conformes à la description donnée par M. de Rochambeau sous le nº 5 et présentent, notamment, les fautes typographiques qu'il signale.

Cette édition est précieuse par le fait que, sur les 117 fables contenues dans les trois derniers volumes, 108 se trouvent ici en ÉDITION ORIGINALE.

Très bel exemplaire grand de marges. Haut. : 154 mill.

129. [**La Haye** (de)]. La Politique civile et militaire des Vénitiens. *A Cologne, chez Pierre Michel* [marque : *la Sphère*], 1669 ; pet. in-12 de 12 ff. prélim. et 154 pp., mar. rouge jans., dent. int., tr. dor. (*Cuzin*).

Jolie édition *à la sphère*, attribuée par Pieters à J. Blaeu, d'Amsterdam, et s'annexant à la collection des Elzéviers. (Willems, nº 1825).

Très bel exemplaire de la bonne édition en 154 pages, entièrement réglé, dans une jolie reliure de Cuzin. — Haut. : 140 mill.

Ex-libris Robert Hoe.

130. **La Rochefoucauld** (François, duc de). Mémoires de M. D. L. R. sur les brigues à la mort de Louys XIII, les guerres de Paris et de Guyenne et la prison des Princes. — Apologie pour M. de Beaufort.... Mémoires de M. de la Chastre. — Articles dont sont convenus Son Altesse Royalle et Monsieur le Prince pour l'expulsion du cardinal Mazarin. — Lettre de ce cardinal à M. de Brienne. *A Cologne, chez Pierre van Dyck* [marque : *la Sphère*], 1662 ; pet. in-12 de 2 ff. non chiff. pour le titre et l'avis au lecteur, et 400 pp., mar. bleu, dos orné aux petits fers, fil. dor. sur les plats, dent. int., tr. dor. (*Chambolle-Duru*).

ÉDITION ORIGINALE des *Mémoires* de La Rochefoucauld ; elle sort indubitablement des presses de Fr. Foppens, à Bruxelles, bien que, sur la foi de lettres de Wicquefort, l'impression en ait été attribuée à Daniel Elzevier. (Willems, nº 1997). — Haut. : 130 mill. (Le feuillet d'errata manque).

Jolie reliure de Chambolle.

131. [**La Rochefoucauld** (François, duc de]. Réflexions ou sentences et maximes morales. *A Paris, chez Claude Barbin*, 1665 ; in-12 de 23 ff. prélim. non chiff., dont 1 f. pour le titre, 3 pour l'*Avis au lecteur* et 19 pour le *Discours* attribué à Segrais, 135 pp. chiff. pour les *Maximes*, 6 pp. non chiffr. de table et 2 pp. pour le privilège, mar. rouge jans., doublé de mar. rouge, large dent. int. aux petits fers, tr. dor. (*Trautz-Bauzonnet*).

Charmante édition, qui passait jadis pour la première. « Il est avéré maintenant que cette édition à 22 lignes n'est que la copie de celle à 23 lignes puisqu'elle ne donne pas le texte primitif, mais le texte des exemplaires cartonnés. Elle contient 317 maximes. Elle présente cependant une variante, dans le *Discours* préliminaire : 3ᵉ feuillet, recto, ligne 7, on lit « pensées relevées » au lieu de « pensées élevées ». C'est une contrefaçon très bien imprimée en caractères neufs ; le fleuron du livre ouvert avec la lettre P, qui se trouve à la fin, est celui de François Provensal, imprimeur de Mgr l'évêque, à Grenoble » [Cf. A. Claudin, Cat. Rochebilière].

Bel exemplaire dans une ravissante reliure doublée de Trautz-Bauzonnet

Ex-libris Robert Hoe.

132. [**La Rochefoucauld** (François, duc de).] Réflexions ou Sentences Morales. Sixième édition, augmentée. *A Paris, chez Claude Barbin*, 1693 ; in-12 de 2 ff. prélim. non chiff. pour le titre et le privilège, 10 ff. non chiff. pour les *Réflexions sur l'Amour-propre*, 50 *Maximes* placées en tête, xxxv pp. chiff. pour le *Discours sur les Réflexions* et 196 pp. chiff. pour le texte des *Réflexions Morales*, mar. rouge jans., dent. int., tr. dor. (*Trautz-Bauzonnet*).

Sixième édition dans laquelle on a rétabli le *Discours préliminaire* de La Chapelle-Bessay, retranché de toutes les éditions faites après 1665. On y trouve un Supplément de 50 *Maximes*, dont la moitié sont publiées pour la première fois et l'autre partie présente des différences avec le texte précédent (Cl. Cat. Rochebilière, I, 473).

Bel exemplaire grand de marges, dans une jolie reliure de Trautz-Bauzonnet. — Haut. 154 mill. 1/2.

133. **La Rue** (Ch. de). Caroli de la Rue e societate Jesu Idyllia. Tertia editio auctior. *Parisiis, apud Simonem Benard*, 1672 ; pet. in-8 de 108 pp., mar. brun, dos orné, comp. et entrelacs de fil. or et noirs, droits et courbes, avec fleurons aux angles, sur les plats, fil. int., tr. dor. (*Rivière*).

Troisième édition parue la même année que l'édition originale, augmentée d'emblèmes héroïques de paraphrases d'Horace, d'odes, etc. Ce recueil, mêlé de vers et poèmes français (*les Victoires du roy en* 1667 ; *Odes diverses*, etc.), est orné de 7 belles compositions emblématiques gravées sur cuivre par *L. Cossinus* et de jolis en-têtes et culs de lampe, également gravés en taille-douce.

Bel exemplaire grand de marges dans une élégante reliure de Rivière.

Ex-libris Robert Hoe.

134. **La Ruelle** (Claude de). Discours des Ceremonies, honneurs, et pompe funèbre faits à l'enterrement du Tres-Hault, Tres-Puissant et Serenissime Prince Charles 3. du Nom, par la grace de Dieu Duc de Calabre, Lorraine, Bar... Par Claude de la Ruelle, secrétaire des commandementz de feuë son Altesse et à present de ceux de Mgr le duc Henry 2. du nom... *A Cler-lieu lez Nancy, par Jean Savine*, 1609 ; pet. in-8 de 8 ff. prélim. y compris le titre-front. gravé, le dernier blanc, 204 ff. chiffrés 1 à 202 (les ff. 167 et 168 sont répétés) et 3 ff. non chiff., mar. noir, dos et plats couverts de semis de C entrelacés alternant avec des aigles, dent. int., tr. dor. (*Capé*).

Livre rare composé à la mémoire de Charles III de Lorraine, orné d'un titre frontispice très finement gravé, contenant le portrait en médaillon du duc, ses armes, son chiffre, etc.

Très bel exemplaire dans une superbe reliure de Capé.

Ex-libris Robert Hoe.

135. **La Serre** (Jean Puget de). L'Entretien des Bons Esprits sur les vanitez du monde. *A Brussélles, chez Fr. Vivien*, 1629 ; pet. in-8 de 16 ff. prélim., y compris le front., le portr. et 2 fig., et 570 pp., veau fauve, dos et plats ornés de fil. dor., dent. int., tr. dor. (*Koehler*).

Édition originale, ornée d'un titre-frontispice (la mort couronnée tenant un sceptre) du portrait du comte de Berghes à qui l'ouvrage est dédié, de celui de l'auteur et de 3 curieuses fig res hors texte gravées en taille-douce par *Natalis*.

Bel exemplaire, relié par Kœhler.

Ex libris Robert Hoe.

136. **La Vigne** (le P. David de). Spiegel om wel te Sterven, Aanwyzende met Beeltenissen van het olyden onses Zaligmaakers Jesu Christi alles wat een Zieke moet doen om gelukkig te Sterven.... *t'Amsterdam, by Joannes Stichter*, 1694 ; in-4, mar. La Vallière, dos orné de larmes et de têtes de mort, comp. de fil. sur les plats avec tête de mort aux angles, large dent. int., tr. dor. (*Allô*).

Première traduction hollandaise du receuil espagnol connu sous le titre de *Miroir de la bonne mort*. Elle est ornée de 42 superbes compositions de *Romain de Hooghe*, gravées en taille douce. Ces planches sont accompagnées du titre ci-dessus et de 9 feuillets de texte gravé dont le recto est blanc.

Très bel exemplaire lavé et encollé, dans une jolie reliure de Allô.

Ex libris Robert Hoe.

137. **Le Sage** (A.-R.). Le Bachelier de Salamanque, ou les mémoires de D. Chérubin de la Ronda, tirés d'un manuscrit espagnol, par Monsieur Le Sage. *A Paris, chez Valleyre fils et Gissey*, 1736. 1 vol. — Le Bachelier de Salamanque, ou les mémoires de D. Chérubin.... Tome second. *A La Haye, chez Pierre Gosse*, 1738. 1 vol. — Ens. 2 vol. in-12, mar. rouge, dos orné de fil. droits et courbes et de petits fers, comp. de fil. à la Du Seuil avec fleurons aux angles, sur les plats, jolie dent. int. aux petits fers, tr. dor. (*Lortic*).

Edition originale des 6 livres formant le texte complet de ce roman, dont les 3 premiers, dans l'esprit de l'auteur, ne devaient pas avoir de suite, ainsi qu'en témoigne la mention : *Fin du troisième et dernier livre*, placée à la fin du 1er volume.

Bel exemplaire bien complet des 6 figures non signées, très grand de marges (haut : 161 mill. 1/2) dans une jolie reliure de Lortic.

138. **Le Sage** (A.-R.). Crispin rival de son maître, comédie par Monsieur Le S**. *A Paris, chez Pierre Ribou*, 1707 ; in-12 de 2 ff. prélim., dont 1 blanc, 80 pp. chiff. pour le texte et 2 pp. non chiff. pour le privilège, mar. rouge, dos orné aux petits fers, fil. sur les plats, large dent. int., tr. dor. (*Lortic*).

Edition originale ; l'approbation en date du 4 mai 1707 est signée *Fontenelle*. Rare.

Bel exemplaire, grand de marges, dans une jolie reliure de Lortic.

139. **Le Sage** (A.-R.). Histoire d'Estevanille Gonzalez, surnommé le garçon de bonne humeur, tirée de l'espagnol, par Monsieur Le Sage. *A Paris, chez Prault père*, 1734 ; 2 vol in-12, mar. rouge, dos orné, fil. sur les plats, dent. int., tr. dor. (*Brany*).

Edition originale.

Curieuse biographie romanesque d'un bouffon qui avait été longtemps au service d'Ottavis Piccolomini, le grand général de la guerre de Trente ans.

Très bel exemplaire dans une jolie reliure de Brany.

140. [**Le Sage** (A.-R.).] Le Diable boiteux. *A Paris, chez la Veuve Barbin*, 1707 ; in-12 de 4 ff. prélim. non chiff., y compris le titre, 314 pp. chiff. pour le texte, 5 pp. non chiff. pour la table et 3 pp. non chiff. pour l'approbation et le privilège, mar. rouge foncé jans., doublé de mar. citron, doubles gardes, fil. int., tr. dor. (*Cuzin*).

LE

DIABLE

BOITEUX

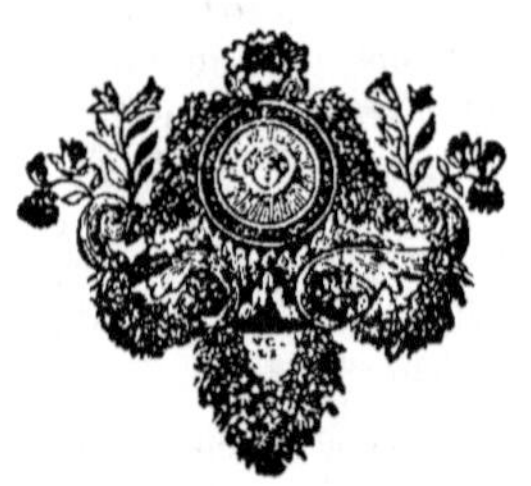

A PARIS,

Chez la Veuve BARBIN, au Palais, ſur le Perron de la ſainte Chapelle.

M. DCCVII.

AVEC PRIVILEGE DU ROY.

Edition originale, très rare, ornée d'un frontispice portant comme légende « El diablo coiuelo ».

Bel exemplaire grand de marges (haut. : 161 mill.), dans une belle reliure doublée de Cuzin. Les pp. 17-18 présentent le texte corrigé ; le frontispice, non signé, est tiré sur papier mince.

141. **Le Sage** (A.-R.). Histoire de Guzman d'Alfarache, nouvellement traduite (de Mateo Aleman) et purgée des moralitez superfluës, par Monsieur Le Sage. *Paris*, *Ganeau*, 1732 ; 2 vol. in-12, mar. rouge jans., large dent. int., tr. dor. (*David*).

Edition originale de la version donnée par Le Sage de ce roman célèbre. Elle est ornée de 1 frontispice et 16 figures gravées par *Scotin*.
Bel exemplaire très grand de marges, dans une jolie reliure de David.
Ex-libris Robert Hoe.

142. **Le Sage** (A.-R.). Recueil des pièces mises au Théâtre François, par M. Le Sage. *A Paris*, *chez Jacques Barois fils*, 1739 ; 2 vol. in-12, mar. vert, dos orné aux petits fers, fil. dor. sur les plats, dent. int., tr. dor. (*David*).

Première édition collective des pièces suivantes : *Le traitre puni.* — *Dom Félix de Mendoce.* — *Le point d'honneur.* — *La Tontine.* — *D. César Ursin.* — *Crispin rival.* — *Turcaret.* — *Critique de la Comédie de Turcaret par le Diable boiteux.*
Très bel exemplaire dans une jolie reliure de David.

143. **Le Sage** (A.-R.). Turcaret, comédie. Par Monsieur Le Sage. *A Paris*, *chez Pierre Ribou*, 1709 ; in-12 de 1 f. blanc, 1 f. de titre, 7 ff. non chiff. pour la *Critique de* Turcaret *par le Diable boiteux*, 166 pp. chiff. et 2 pp. non chiff. pour le privilège, mar. rouge jans., dent. int., tr. dor. (*Cuzin*).

Edition originale du chef d'œuvre comique de Le Sage.
Bel exemplaire très grand de marges, dans une jolie reliure de Cuzin. — Haut. : 151 mill.
Ex-libris Robert Hoe.

144. [**L'Estoile** (Pierre de)]. Journal des choses memorables advenuës durant tout le Regne de Henry III, roy de France et de Pologne. *S. l.* (*Paris*), 1621 ; in-4 de 133 pp., 1 f. blanc et 49 pp., mar. rouge jans., dent. int., tr. dor. (*Chambolle-Duru*).

Edition originale, comprenant : *Le Procez Verbal d'vn nommé Nicolas Poulain... qui contient l'histoire de la Ligue, depuis le second Ianuier, 1585, iusques au iour des Barricades, escheuës le 12. May 1588* ; 49 pp.
Bel exemplaire grand de marges dans une jolie reliure de Chambolle-Duru.
Ex libris Robert Hoe.

145. [**Liancourt** (Mme de)]. Règlement donné par une dame de haute qualité [Jeanne de Schomberg, duchesse de Liancourt] à M*** sa petite-fille [la princesse de Marsillac] pour sa conduite et pour celle de sa maison. Avec un autre Règlement que cette dame avait dressé pour elle-même. *A Paris*, *chez Augustin Leguerrier*, 1698 ; in-12 de 1 f. de titre et 104-234 pp., mar. rouge jans., dent. int., tr. dor. (*Arlaud frères*).

Seconde édition, précédée de la vie de Mme de Liancourt, due à l'abbé J.-J. Boileau.
Bel exemplaire.

146. **Lucain.** La Pharsale de Lucain, ou les guerres civiles de César et de Pompée en vers françois par M. de Brebœuf. *A Leide, chez Jean Elsevier*, 1658 ; pet. in-12 de 417 pp. y compris le titre-front. gravé, mar. rouge, dos orné de fil. et fleurons, comp. de fil. et dent., milieux ornés au pointillé et rosace de mar. vert sur les plats, dent. int., tr. dor. (*Capé*).

Edition recherchée pour sa belle exécution. (Willems, n° 827).
Très bel exemplaire grand de marges (haut. : 127 mill. 1/2), contenant le frontispice aux *deux groupes de cavaliers*, signé P. P. (Pierre Philippe), dans une superbe reliure de Capé.

147. **Lucien.** Lucien, de la traduction de N. Perrot, sieur d'Ablancourt, avec des remarques sur la traduction. Nouvelle édition, reveuë et corrigée. *A Paris, chez Huart*, 1733 ; 3 vol. in-12, mar. rouge, dos sans nerfs orné de rosaces et fleurons, comp. de fil. et dentelles dor. encadrant les plats, dent. int., tr. dor. (*Rel. anc.*).

Traduction d'un style élégant, mais dans laquelle Perrot d'Ablancourt a trop délaissé le sens littéral de l'auteur ; elle a, pour cette raison, de même que les autres versions du même traducteur, été surnommée *la belle infidèle*.
Superbe reliure de Bradel-Derome.

148. **Mahomet.** L'Alcoran de Mahomet, translaté d'arabe en françois, par le sieur Du Ryer, sieur de la Garde Malezair. *Suivant la copie imprimée à Paris, chez Antoine de Sommaville* [marque : *la Sphère*], 1649 ; pet. in-12 de 8 ff. prélim. y compris le titre rouge et noir, 686 pp. et 3 ff. non chiff., mar. violet, dos orné aux petits fers, fil. sur les plats, dent. int., tr. dor. (*Capé*).

Edition jolie et rare, imprimée à Amsterdam par Louis Elzevier. « Brunet et Pieters se sont trompés en attribuant ce volume aux Elzeviers de Leyde. Sphère, fleurons, lettres grises, signatures, toutes les preuves concordent d'une manière absolument décisive en faveur des presses elzéviriennes d'Amsterdam. L'*Alcoran de Mahomet* figure avec l'adresse d'Amsterdam, dans le catal. de Blaeu de 1659 ; il est cité dans le catal. offic. de 1656, et avec l'astérisque dans celui de 1681 ». (Willems, n° 1087). — Très bel exemplaire, contenant la dédicace au chancelier, qui manque presque toujours. Haut. : 129 mill. — Jolie reliure de Capé.

149. **Mantuanus** (Baptista). Les Eglogues de F. Baptiste Mantuan, traduites nouuellement de latin en françois, auec plusieurs autres Composicions françoises, à l'imitacion d'aucuns poëtes latins, par Laurent de la Gravière. *A Lyon, par Jean Temporal*, 1558 ; in-8 de 8 ff. prélim. et 140 pp., mar. bleu, dos et plats ornés de fil. à froid, dent. int., tr. dor. (*Capé*).

Seconde édition française, la seule complète.
Bel exemplaire, avec un superbe portrait de l'auteur par Th. de Bry, ajouté, dans une jolie reliure de Capé, provenant des bibliothèques Yemeniz et Robert Hoe, avec leur ex libris.

150. **Marc-Aurèle.** Pensées morales de Marc Antonin empereur ; de soy, et à soy-mesme, en douze livres, traduits du grec. *Amsteldam, Jean de Ravesteyn*, 1655 ; pet. in-12, mar. vert foncé, dos orné aux petits fers, fil. sur les plats, dent. int., tr. dor. (*Bauzonnet-Trautz*).

Une des premières traductions françaises des *Réflexions morales*. Brunet ne cite que celle de 1691. Cette traduction, dont la dédicace à la reine Christine de Suède, est signée des initiales B. I. K., est due à un Suédois, nommé Balbiski.
Très bel exemplaire relié par Bauzonnet-Trautz.
Ex libris Robert Hoe.

151. **Marguerite de Valois.** Les Mémoires de la roine Marguerite. *A Paris, par Charles Chappellain*, 1628 ; in-8 de 4 ff. prélim., le dernier blanc, et 363 pp., mar. rouge, dos orné de fleurons formés d'une fleur de lis accompagnée de marguerites, même fleur de lis à chaque angle et milieux formés de la même fleur de lis alternant avec une M couronnée, sur les plats, dent. int., tr. dor. (*Capé*).

Edition originale de ces mémoires publiées par Auger de Mol(on, seigneur de Granier. Les feuillets préliminaires comprennent le titre, un avis au lecteur, l'extrait du privilège, daté du 31 octobre 1628 et un feuillet blanc ; ce dernier, suivant Brunet, devrait porter les errata.
Belle reliure de Capé.

152. **Marot** (Clément). Les Œuvres de Clément Marot de Cahors, valet de chambre du Roy, reveuës et augmentées de nouveau. *A La Haye, chez Adrian Moetjens*, 1700 ; 2 vol. pet. in-12, mar. orange, dos orné de fleurons, milieux dor. aux petits fers et au pointillé sur les plats, large dent. int., tr. dor. (*Hardy*).

Très jolie édition, la plus recherchée, des œuvres de Marot.
Exemplaire du premier tirage, avec le même fleuron sur chaque titre.
Superbe exemplaire à grandes marges, dans une jolie reliure de Hardy. Il contient un joli portrait de Marot, par Holbein, gravé par Gaucher, ajouté.

153. [**Meursius** (Joannes).] Illustris Academia Lugd-Batava : id est virorum clarissimorum icones, elogia ac vitae, qui eam scriptis suis illustrarunt. *Lugd.-Batav., apud Andream Cloucquium*, 1613 ; in-4 de 12 ff. prélim. et 88 ff. non chiff. signés *A-Y* par 4, le dernier blanc, mar. La Vallière jans., dent. int., tr. dor. (*Thompson*).

Edition originale, ornée de 1 titre-frontispice signé *G. Swan fecit* et 35 portraits habilement gravés en taille-douce, parmi lesquels nous signalerons ceux de Meursius, Juste Lipse, Scaliger, Grotius, etc.
Bel exemplaire dans une jolie reliure de Thompson.
Ex-libris Robert Hoe.

154. **Molière.** L'Escole des Maris, comedie, de I. B. P. Moliere. Representee sur le Theatre du Palais Royal. *A Paris, chez Charles de Sercy*, 1661 ; in-12 de 5 ff. prélim. non chiff., 65 pp. chiff. pour la

pièce et 5 pp. non chiff. pour le privilège et l'achevé d'imprimer, mar. rouge, dos orné aux petits fers, fil. sur les plats, dent. int., tr. dor. (*Trautz-Bauzonnet*).

Edition originale.
Exemplaire incomplet du frontispice.
Jolie reliure de Trautz-Bauzonnet. — Haut. : 141 mill.

155. [**Molière**]. Sganarelle, ou le Cocu imaginaire, comedie. Avec les argumens de chaque scene (par de Neufvillenaine). *Suivant la copie imprimée à Paris* [marque : *le Quærendo*], 1662 ; pet. in-12 de 4 ff. prél. et 26 pp., mar. rouge, fil. à froid sur le dos et les plats, large dent. int., tr. dor. (*Lortic*).

Première édition elzévirienne qui parait avoir été publiée par Wolfgang de concert avec Louis et Daniel Elzévier. A la suite de Sganarelle se trouve *la Cocue imaginaire* [ou les Amours d'Alcippe et de Céphise], comédie en un acte et en vers [par Fr. Donneau de Visé]. *Ibid.*, 1662 ; 5 ff. prél. et 26 pp. (Willems, nos 1718 et 1713).
Bel exemplaire dans une jolie reliure de Lortic. — Haut. : 129 mill.

156. [**Molière**]. Les Précieuses ridicules. Comedie. Representée au Petit Bourbon. *A Paris, chez Claude Barbin*, 1663 ; in-12 de 4 ff. prélim. non chiff., 87 pp. chiff. pour la pièce et 1 page non chiff. pour le privilège, mar. rouge jans., large dent. int., tr. dor. (*Chambolle-Duru*).

Edition rare et peu connue. Elle présente cette particularité qu'elle renferme la partie de la préface où Molière explique qu'il n'a pu, faute de temps, « prendre quelque grand seigneur.... pour protecteur de son ouvrage, dont il aurait tenté la libéralité par une épître dédicatoire bien fleurie », qui ne figure que dans l'édition originale.
Superbe exemplaire, grand de marges, dans une jolie reliure de Chambolle-Duru. — Haut. : 141 mill.

157. **MOLIÈRE. L'Estourdy** ou les Contre-temps, comedie. Representée sur le Theatre du Palais Royal, par I. B. P. Moliere. *A Paris, chez Gabriel Quinet*, 1663; in-12 de 6 ff. prélim., le premier blanc, 117 pp. chiff. pour la pièce et 1 page non chiff. pour le privilège, mar. rouge jans., dent. int., tr. dor. (*Trautz-Bauzonnet*).

Edition originale d'une des premières comédies de Molière.
Bel exemplaire dans une jolie reliure de Trautz-Bauzonnet. — Haut. : 140 mill. 1/2.

158. **MOLIÈRE. Dépit amoureux**, comedie representee sur le Theatre du Palais Royal. De I. B. P. Moliere. *A Paris, chez G. Quinet*, 1663 ; in-12 de 4 ff. prélim. non chiff., y compris le titre, et 135 pp. chiff., mar. rouge, dos orné aux petits fers, fil. sur les plats et milieux ornés aux petits fers entourant la devise « Paulatim », dent. int., tr. dor. (*Capé*).

Edition originale. Très rare. — Haut. : 145 mill.
Très jolie reliure de Capé.
Ex-libris Léon Rattier.

159. **MOLIÈRE. Les Facheux**, comedie, de I. B. P. Moliere. Representee sur le Theatre du Palais Royal. *A Paris, chez Jean Guignard le fils*, 1662 ; in-12 de 12 ff. prél. non chiff., le premier blanc, pp. 9 à 76 pour la pièce et 2 pp. non chiff. pour le privilège et l'achevé d'imprimer, mar. rouge, dos orné aux petits fers, comp. de fil. droits et cintrés avec fleurons aux angles, doublé de mar. bleu, dent. int., gardes moire bleue, tr. dor. (*Lortic*).

LES

FACHEVX

COMEDIE,

DE I. B. P. MOLIERE.

REPRESENTEE SVR LE Theatre du Palais Royal.

A PARIS,

Chez IEAN GVIGNARD le fils, en la Grand' Salle du Palais, du costé de la Cour des Aydes, à l'image Saint Iean.

M. DC. LXII.

AVEC PRIVILEGE DV ROY.

EDITION ORIGINALE. Très rare.

Bel exemplaire dans une superbe reliure doublée de Lortic. — Haut. : 148 mill.

Ex-libris Léon Rattier.

160. **Molière.** L'Escole des femmes, comedie. Par J. B. P. Moliere. *A Paris, chez Louis Billaine*, 1663 ; in-12 de 6 ff. prélim. non chiff., y compris le titre et le frontispice, et 95 pp. chiff., mar. rouge, dos orné aux petits fers, dent. int., tr. dor. (*Motte*).

Seconde édition originale, dédiée à « Madame » (Henriette d'Angleterre, première femme du duc d'Orléans, frère du Roi). Rare. — Elle est ornée d'un frontispice par *Fr. Chauveau* représentant « Arnolphe et Agnès ».

Très bel exemplaire dans une jolie reliure de Motte. — Haut. : 145 mill.

Ex-libris Robert Hoe.

161. **Molière.** La Critique de l'Escole des femmes, comedie. Par I. B. P. Moliere. *A Paris, chez Guillaume de Luyne*, 1663 ; in-12 de 5 ff. prélim. non chiff., y compris le titre, et 117 pp. chiff., mar. rouge jans., dent. int., tr. dor. (*Capé*).

Édition originale, dédiée « à la Reyne mère » Anne d'Autriche. Très rare.

Bel exemplaire, dans une jolie reliure de Capé. Haut. : 144 mill.

Ex-libris Léon Rattier.

162. **MOLIÈRE. L'Amour medecin.** Comédie. Par I. B. P. Moliere. *A Paris, chez Théodore Girard*, 1666 ; in-12 de 5 ff. prélim. non chiff. et 95 pp. chiff. (la dernière cotée 59), mar. rouge, dos orné aux petits fers, fil. sur les plats, dent. int., tr. dor. (*Trautz-Bauzonnet*).

Édition originale. Très rare.

Exemplaire incomplet du frontispice, dans une jolie reliure de Trautz-Bauzonnet. — Haut. : 139 mill.

163. **MOLIÈRE. Le Misantrope.** Comedie. Par I. B. P. de Moliere. *A Paris, chez Jean Ribou*, 1667 ; in-12 de 12 ff. prélim. non chiff., y compris e frontispice non signé et la lettre sur le Misantrope, de Donneau de Visé, et 84 pp. chiff. pour la pièce, mar. rouge jans., large dent. int., tr. dor. (*Chambolle-Duru*).

Édition originale de ce chef d'œuvre du grand poète comique.

Très bel exemplaire très grand de marges, dans une jolie reliure de Chambolle-Duru. — Haut. : 152 mill.

164. **Molière.** Le Sicilien, comedie de Monsieur de Molliere. *A Paris, chez Nicolas Pepinglé* (sic), *à la grand' Salle du Palais*, 1668 ; in-12 de 60 pp., mar. rouge jans., dent. int., tr. dor. (*Chambolle-Duru*).

Edition rarissime : les 3 feuillets qui suivent le titre contiennent une curieuse analyse de la pièce, qui ne se trouve dans aucune autre édition ; elle n'est citée ni par Jules Le Petit, ni par le Catalogue Rochebilière, ni par la *Bibliographie Moliéresque* de Paul Lacroix.

Bel exemplaire, dans une jolie reliure de Chambolle-Duru.

165. **MOLIÈRE. Amphitryon**, comedie. Par I. B. P. de Moliere. *A Paris, chez Jean Ribou*, 1668 ; in-12 de 4 ff. prélim. non chiff., y

compris le titre, et 88 pp. chiff., mar. rouge jans., doublé de mar. bleu, large et riche dent. int. aux petits fers, doubles gardes, tr. dor. (*Chambolle-Duru*).

Edition originale de cette comédie si gaie qui obtint un tel succès que Molière se décida, dès les premières représentations, à la faire imprimer ; elle parut deux mois à peine après la première représentation, avec une dédicace au prince de Condé.

Bel exemplaire dans une magnifique reliure doublée de Chambolle-Duru. — Haut. : 146 mill.

Ex-libris Léon Rattier.

166. **Molière**. Le Mariage forcé. Comedie. Par I. B. P. de Moliere. *A Paris, chez Jean Ribou*, 1668 ; in-12 de 2 ff. prélim. non chiff. pour le titre et le privilège, et 91 pp. chiff., mar. rouge jans., dent. int., tr. dor. (*Trautz-Bauzonnet*).

Edition originale.

Bel exemplaire de la bonne édition dans une jolie reliure de Trautz-Bauzonnet. — Haut. : 144 mill.

167. **Molière**. L'Avare, comedie. Par I. B. P. Moliere. *A Paris, chez Jean Ribou*, 1669 ; in-12 de 2 ff. non chiff., 150 pp. et 1 f. blanc, mar. rouge jans., dent. int., tr. dor. (*Trautz-Bauzonnet*).

Edition originale. Très rare.

Bel exemplaire dans une jolie reliure de Trautz-Bauzonnet. — Haut. : 144 mill.

168. **Molière**. L'Imposteur, ou le Tartuffe, comedie, par I. B. P. de Moliere. *Suivant la Copie Imprimée pour l'auteur, à Paris*, 1669 ; pet. in-12 de 84 pp., mar. rouge, dos feuillagé, 3 fil. sur les plats, dent. int., tr. dor. (*Chambolle-Duru*).

Première contrefaçon du *Tartuffe*, parue sous la même date que l'édition originale. Exécutée en province, semble-t-il, elle est une imitation de l'édition donnée la même année par Daniel Elzevier.

Bel exemplaire, dans une jolie reliure de Chambolle Duru. – Haut. : 134 mill.

169. **Molière**. George Dandin, ou le Mary confondu. Comédie. Par I. B. P. de Moliere. *A Paris, chez Jean Ribou*, 1669 ; in-12 de 2 ff. prélim. non chiff. et 152 pp., (la dernière chiffrée 155 par erreur), mar. rouge jans., dent. int., tr. dor. (*Trautz-Bauzonnet*).

Edition originale, avec les fautes de pagination et les remarques signalées par Jules Le Petit.

Bel exemplaire dans une jolie reliure de Trautz-Bauzonnet. — Haut. : 144 mill.

170. **Molière**. George Dandin, ou le Mary confondu. Comédie. Par I. B. P. de Moliere. *Suivant la copie imprimée à Paris* [marque : *la Sphère*], 1669 ; pet. in-12 de 60 pp., mar. rouge, dos orné aux petits fers, fil. sur les plats, dent. int., tr. dor. (*Cuzin*).

Première édition elzévirienne, publiée à Amsterdam par Daniel Elzevier sous la même date que l'édition originale.

Bel exemplaire dans une jolie reliure de Cuzin. — Haut. : 131 mill.

171. **MOLIÈRE. Monsieur de Pourceaugnac,** comedie faite à Chambord pour le Diuertissement du Roy, par I. B. P. Moliere. *A Paris, chez Jean Ribou*, 1670 ; in-12 de 4 ff. prélim. non chiff. et 136 pp. chiff., mar. rouge jans., large dent. int., tr. dor. (*Canape*).

MONSIEVR

DE

POVRCEAVGNAC,

COMEDIE.

FAITE A CHAMBORD,
pour le Diuertiſſement du Roy.

PAR I B P. MOLIERE.

A PARIS,
Chez IEAN RIBOV, au Palais, vis à vis
la Porte de l'Egliſe de la Sainte Chapelle,
A l'Image S.Louis.

M. DC. LXX.
AVEC PRIVILEGE DV ROY.

Edition originale. Très rare.
Bel exemplaire, dans une jolie reliure de Canape. — Haut. : 147 mill.

172. **MOLIÈRE. Le Bourgeois gentilhomme,** comédie-balet, faite à Chambort pour le Divertissement du Roy, par I. B. P. Moliere. *Et se vend pour l'Autheur à Paris, chez Pierre Le Monnier*, 1671 ; in-12 de 2 ff. prélim. pour le titre et le privilège, et 164 pp. chiff.,

mar. rouge, dos orné aux petits fers, fil. sur les plats, dent. int., tr. dor. (*Capé*).

Édition originale. Rarissime.
Très bel exemplaire dans une jolie reliure de Capé. — Haut. : 139 mill.

173. **Molière**. Psiché, tragedie-ballet, par I. B. P. Moliere. *Suivant la copie imprimée à Paris*, [marque : *la Sphère*], 1617 ; pet. in-12 de 82 pp. et 1 f. blanc, mar. rouge jans., large dent. int., tr. dor. (*Cuzin*).

Première édition elzévirienne, publiée à Amsterdam par Daniel Elzevier, sous la même date que l'édition originale.
Bel exemplaire dans une jolie reliure de Cuzin. — Haut. : 130 mill. 1/2.

174. **MOLIÈRE. Les Fourberies de Scapin**, comédie. Par I. B. P. Molière. *Et se vend pour l'autheur, à Paris, chez Pierre Le Monnier*, 1671 ; in-12 de 2 ff. prélim. pour le titre et la liste des acteurs, 123 pp. chiff. pour la pièce et 4 pp. non chiff. pour le privilège, mar. rouge, dos orné aux petits fers et au pointillé, doublé de mar. vert clair, riche dent. int. aux petits fers et au pointillé, avec fleurons aux angles, tr. dor. (*Trautz-Bauzonnet*).

Édition originale. Très rare.
Bel exemplaire grand de marges, dans une splendide reliure doublée de Trautz-Bauzonnet. — Haut. : 147 mill. 1/2.

175. **Molière**. Les Fourberies de Scapin. Comédie. Par I. B. P. Moliere. *Suivant la copie imprimée à Paris* [marque : *la Sphère*], 1671 ; pet. in-12 de 82 pp. et 1 f. blanc, mar. rouge jans., dent. int., tr. dor. (*Cuzin*).

Première édition elzévirienne, publiée à Amsterdam par Daniel Elzevier sous la même date que l'édition originale. (Willems, n° 1450).
Bel exemplaire dans une jolie reliure de Cuzin. — Haut. : 130 mill. 1/2.

176. **Molière**. Les Femmes sçavantes. Comédie. Par I. B. P. Moliere. *Et se vend pour l'autheur à Paris, au Palais, et chez Pierre Promé, sur le quay des Grands Augustins, à la Charité*, 1673 ; in-12 de 2 ff. prélim. non chiff. et 92 pp. chiff., mar. rouge jans., dent. int., tr. dor. (*Trautz-Bauzonnet*).

Édition originale. Très rare.
La pièce parut sans dédicace et sans préface un mois après la mort de Molière, qui en avait certainement revu les épreuves, dit Paul Lacroix. Cette édition, qui se vendait pour l'auteur, avait été imprimée à ses frais et sous ses yeux, avec son orthographe (Cf. Cat. Rochebilière, I. 350).
Très bel exemplaire grand de marges. — Haut. : 148 mill.

177. **MOLIÈRE. Les Oevvres de Monsieur Moliere.** *A Paris, chez Thomas Jolly* [*et Charles de Sercy*], 1666 ; 2 vol. in-12, front., mar. rouge, dos orné aux petits fers, 3 fil. dor. sur les plats, doublé de mar. bleu, large et riche dent. int. aux petits fers, tr. dor. (*Trautz-Bauzonnet*).

LES

OEVVRES

DE MONSIEVR

MOLIERE.

TOME PREMIER.

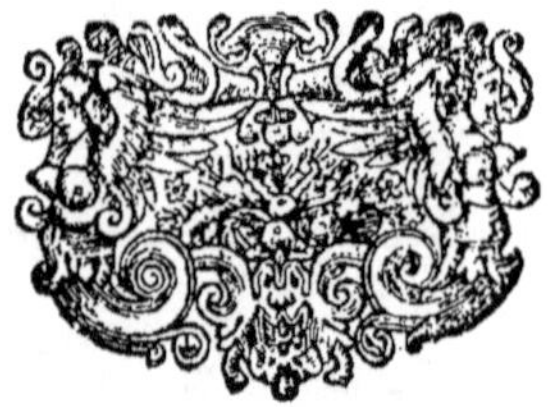

A PARIS,

Chez THOMAS IOLLY, Libraire Iuré, au Palais, dans la petite Salle des Merciers, à la Palme, & aux Armes d'Holande.

MDCLXVI.

Avec Privilege du Roy.

PREMIÈRE ÉDITION COLLECTIVE, avec pagination continue, rare et précieuse ; elle contient 9 pièces : *Les Précieuses ridicules, Sganarelle, ou le Cocu imaginaire, l'Etourdi, le Dépit amoureux, les Fâcheux, l'Ecole des maris, l'Ecole des femmes, la Critique de l'Ecole des femmes* et *les Plaisirs de l'Isle enchantée*.

Chaque volume est orné d'un frontispice par *Fr. Chauveau* : le premier représente le buste couronné de Molière et deux gentilshommes accoudés dont Mascarille ; le second représente Thalie couronnant d'un côté une femme (probablement Armande Béjart dans le rôle d'Agnès), de l'autre, un homme portant le costume d'Arnolphe dans l'*Ecole des femmes* (Molière).

Très bel exemplaire dans une superbe reliure doublée de Trautz-Bauzonnet.

Ex-libris Robert Hoe.

178. **Molière.** Le Malade imaginaire, comédie en trois actes meslés de danses et de musique. *Suivant la copie imprimée à Paris*, [marque : *la Sphère*], 1674 ; pet. in-12 de 72 pp., mar. rouge jans., riche dent. int., tr. dor. (*Cuzin*).

Jolie édition imprimée à Amsterdam, par Daniel Elzevier. (Willems, n° 1496). — Bel exemplaire. — Haut. : 130 mill.

179. **Molière.** Les Œuvres de Monsieur Molière. *A Amsterdam, chez Jaques le Jeune* [marque : *la Sphère*], 1675 ; 5 vol., frontispice gravé. — Œuvres posthumes. *Amsterdam, Jacques le jeune* (Wetstein), 1684 ; 1 vol. 5 frontispices. — Ensemble 6 vol. pet. in-12, mar. rouge, dos orné aux petits fers, comp. de fil. et fleurons dor. sur les plats, doublés de mar. bleu, fil. et large dent. dor. aux petits fers encadrant la doublure, doubles gardes, tr. dor. (*Thibaron-Joly*).

PREMIÈRE ÉDITION ELZÉVIRIENNE, imprimée à Amsterdam par Daniel Elzevier ; elle est formée de la réunion des vingt-sept pièces imprimées séparément par cet imprimeur.

Deux de ces pièces ne sont pas de Molière, savoir le *Festin de Pierre*, qui est de Dorimond, et l'*Ombre de Molière*, qui est de Brécourt. Il y a deux pièces pour le *Malade imaginaire*, l'une contenant les intermèdes, l'autre la comédie en trois actes. Toutes les comédies qui composent ce recueil portent la date de 1674, à l'exception des suivantes : *Sganarelle* (1675) ; l'*Amour médecin* (1675) ; *Amphitryon* (1675) ; *George Dandin* (1675) ; *Les Fourberies de Scapin* (1671) ; *Psiché* (1671) ; et le *Malade imaginaire* [prologue et intermèdes] (1673).

Les *Œuvres posthumes*, qui complètent l'édition, renferment les cinq pièces ci-après : *les Amans magnifiques* ; *la Comtesse d'Escarbagnas* ; *l'Impromptu de Versailles* ; *Dom Garcie de Navarre* et *Mélicerte*.

Le Molière de 1675 est un des ouvrages les plus recherchés de la collection elzévirienne. (Willems, n° 1511).

Bel exemplaire dans lequel on a inséré la comédie de Donneau de Visé, *la Cocue imaginaire*. — Haut. : 129 mill.

Riche reliure doublée de Thibaron-Joly.

Ex-libris Robert Hoe.

180. **Molière.** Les Œuvres de Monsieur de Molière. Reveuës, corrigées et augmentées. Enrichies de figures en taille-douce, 6 vol. — Les Œuvres posthumes de Monsieur de Molière... 2 vol. *A Paris, chez Denys Thierry, Claude Barbin et Pierre Trabouillet*, 1682 ; ens. 8 vol. in-12, mar. rouge, dos orné aux petits fers, 3 fil. dor., large dent. int., tr. dor. (*Chambollo-Duru*).

Première édition complète des œuvres de Molière. Elle fut donnée après sa mort et d'après ses manuscrits par les comédiens Vinot et Varlet de La Grange (acteurs de la troupe de Molière et amis du poète comique), qui y introduisirent les jeux de scène. « C'est la première édition dans laquelle se trouvent imprimées les six comédies suivantes : *Don Garcie de Navarre* ; *l'Impromptu de Versailles* ; *Don Juan, ou le Festin de Pierre* ; *Mélicerte* ; *les Amants magnifiques* ; *la comtesse d'Escarbagnas*. — C'est le texte qui a le plus souvent servi de modèle pour les nombreuses éditions données jusqu'à nos jours » (J. Le Petit).

Elle est ornée de 30 figures par *P. Brissard*, gravées par *J. Sauvé*.

Superbe exemplaire dans une belle reliure de Chambolle-Duru. — Haut. : 159 mill.

181. **Molière.** Les Œuvres de Monsieur Molière. Nouvelle édition, corrigée et augmentée des Œuvres Posthumes, et de très belles figures à chaque comédie, etc. *A Brusselles, chez George de Backer*, 1694 ; 4 vol. in-12, mar. rouge jans., doublé de mar. rouge, large et riche dent. int. aux petits fers, tr. dor. (*Trautz-Bauzonnet*).

Jolie édition, dans laquelle le *Festin de Pierre* comporte la célèbre scène du *Pauvre* dans son intégrité. Elle est illustrée de 31 figures gravées à l'eau-forte par *Harrewyn*.
Bel exemplaire dans une riche reliure doublée de Trautz-Bauzonnet.
Ex-libris Robert Hoe.

182. **Montaigne.** Les Essais de Michel de Montaigne. Nouvelle édition exactement purgée des défauts des précédentes selon le vray original, et enrichie et augmentée aux marges du nom des autheurs qui y sont citez et de la version de leurs passages... Ensemble la vie de l'autheur et deux tables... *A Bruxelles, chez François Foppens*, 1659 ; 3 vol. in-12, portrait de Montaigne, gravé par Clouwet, mar. rouge à long grain, dos sans nerfs orné de motifs de feuillage et au pointillé, comp. de fil. et dentelle sur les plats, doubl. et gardes de papier vert, comp. de dent. int. (*Rel. anc.*).

Edition imprimée en très beaux caractères, reproduisant le texte de l'édition de Paris, Journel, 3 vol. in-12, sous la même date, augmentée d'une table analytique des matières placée à la fin du 3e volume. Rare.
Superbe exemplaire dans une jolie reliure exécutée vraisemblablement par Roger Payne, le célèbre relieur anglais, à l'imitation des reliures de Bozérian.
Ex-libris gravé du marquis de Biencourt, à chaque volume.

183. **Montfleury** (Antoine-Jacob, dit). L'Ambigu comique, ou les Amours de Didon et d'Ænée, tragédie en trois actes, meslée de trois intermèdes comiques. Par A. I. Montfleury. *A Paris, chez Henry Loyson*, 1673 ; pet. in-8 de 4 ff. prélim. et 112 pp., mar. brun jans., dent. int., tr. dor. (*Cuzin*).

Edition originale. — Le 4e feuillet préliminaire dont le recto est blanc, contient, au verso, la liste des acteurs. — Les comédies de Montfleury brillent par la vivacité des images et l'invention des vers.
Bel exemplaire dans une jolie reliure de Cuzin.

184. **Montfleury** (Antoine-Jacob, dit). Le Comedien poëte, comedie par A. I. Montfleury. *A Paris, chez Pierre Promé*, 1674 ; pet. in-8 de 2 ff. prélim. et 120 pp., mar. brun jans., dent. int., tr. dor. (*Cuzin*).

Edition originale. — Le second feuillet prél. dont le recto est blanc, contient, au verso, la liste des acteurs.
Bel exemplaire dans une jolie reliure de Cuzin.

185. **Montfleury** (Antoine-Jacob, dit), Trigaudin, ou Martin Braillart, comedie, par A. I. Montfleury. *A Paris, chez Pierre Promé*, 1674 ;

pet. in-8 de 2 ff. prélim. et 96 pp., mar. brun jans., dent. int., tr. dor. (*Cuzin*).

Edition originale. — Le 2e feuillet préliminaire, dont le recto est bleue, contient, au verso, la liste des acteurs.
Bel exemplaire dans une jolie reliure de Cuzin.

186. **Nicole** (Pierre). Les Imaginaires [et les Visionnaires], ou lettres sur l'hérésie imaginaire, par le sieur de Damvilliers (P. Nicole). *Liège, Ad. Beyers*, 1667 ; 2 vol. pet. in-12, mar. rouge, dos orné aux petits fers, comp. de fil., rosaces et fleurons sur les plats, dent. int., tr. dor. (*Rel. anc.*).

Edition originale de ce recueil de dix-huit lettres dans le goût des *Provinciales* « et assez dignes de les suivre à distance » a dit Sainte-Beuve.
Elle sort incontestablement des presses de Daniel Elzevier, d'Amsterdam, dont elles est une des jolies productions. (Willems, no 1377).
Superbe exemplaire réglé, dans une très jolie reliure de Du Seuil, de toute fraîcheur ; il a appartenu successivement à De Bure (ex libris autographe) à La Roche-Lacarelle et à Robert Hoe, dont il porte les ex libris. — Haut. : 136 mill.

187. **Office de la Semaine Saincte** (L') corrigé de nouveau par le commandement du Roy conformément au bréviaire et missel de nostre S. P. le Pape Urbain VIII. *A Paris, chez Antoine Ruette*, 1659 ; in-8, mar. rouge, dos et plats couverts d'un semis d'L couronnées et de fleurs de lis, tr. dor. (*Rel. de l'époque*).

Exemplaire réglé, recouvert d'une reliure d'Antoine Ruette au chiffre de Louis XIV ; les plats et le dos de la reliure sont couverts d'L couronnées alternant avec des fleurs de lis.

188. **Office de la Semaine Sainte**, selon le messel et bréviaire romain ; de la traduction de M. de Marolles, abbé de Villeloin... *A Paris, par la Compagnie des Libraires associés*, 1688 ; in-8, mar. rouge, dos orné d'entrelacs, fleurs de lis et petits fers, riches ornements d'entrelacs et motifs au pointillé couvrant les plats, pet. dent. int., tr. dor. (*Rel. de l'époque*).

Exemplaire réglé, recouvert d'une riche reliure dans le style de Le Gascon.

189. **Office de la Semaine Sainte**, en latin et en françois, selon le missel et le bréviaire romain et le nouveau missel et bréviaire de Paris... A l'usage de Madame la Dauphine et de sa maison. *A Paris, chez J.-B. Garnier*, 1752 ; in-8, mar. rouge, dos orné de fil. droits et courbes, avec fleurs de lis, plats couverts d'entrelacs de fil. droits et courbes, formant d'élégants caissons remplis d'ornements au pointillé, dentelles et fleurs de lis, dent. int., doubl. et gardes de papier à fleurs, tr. dor. (*Rel. de l'époque*).

Superbe exemplaire *aux armes et au chiffre de la* Dauphine Marie-Josephe de Saxe, mère de Louis XVI, dans une très riche décoration aux jeux de filets droits et cintrés et au pointillé.

190. **Ovide.** Les Elégies choisies des Amours d'Ovide, par Monsieur le marquis de Villennes, gouverneur de Vitry-le-François. *A Paris, chez Claude Barbin*, 1668 ; pet. in-12 de 11 ff. prélim. et 143 pp., mar. bleu foncé, dos et plats ornés de fil. à froid, dent. int., tr. dor. (*Capé*).

Traduction en vers, précédée d'une préface où l'auteur donne un aperçu historique sur la vie d'Ovide et sur les *Elégies*. Rare.
Bel exemplaire dans une jolie reliure de Capé.
Ex-libris Robert Hoe.

191. **Particularitez** remarquées en la mort de Messieurs Cinq Mars, et de Thou, à Lyon, le Vendredy 12 Septembre 1642. *S. l.*, (1642) ; in-4 de 14 ff., mar. rouge jans., large dent. int., *non rogné*. (*Chambolle-Duru*).

Très rare pièce, contenant la relation des derniers moments de Cinq Mars et de Thou. Brunet (*Manuel du Libraire*, IV, 390), indique comme étant l'édition originale de cette pièce, une édition pet. in-8 de 46 pages, sans lieu, sous la date de 1642, alors que, vraisemblablement, c'est la présente édition qui est la première.
Ex-libris Robert Hoe.

192. **Pascal** (Blaise). Pensées de M. Pascal sur la religion et sur quelques autres sujets, qui ont esté trouvées après sa mort parmy ses papiers. *A Paris, chez Guillaume Desprez*, 1670 ; in-12 de 41 ff. prélim., 365 pp. et 10 ff. pour la table, mar. vert jans., doublé de mar. vert, large dent. int., tr. dor. (*Cuzin*).

Edition originale, publiée par Artus Gouffier, duc de Roanez.
Très bel exemplaire, grand de marges avec les remarques indiquées par Jules Le Petit, dans une superbe reliure doublée de Cuzin. — Haut. : 153 mill.

193. **Pascal** (Blaise). Les Provinciales ou les Lettres escrites par Louis de Montalte, à un Provincial de ses amis et aux RR. PP. Jésuites, sur le sujet de la morale et de la politique de ces Pères. *A Cologne, chés Pierre de la Vallée*, 1657 ; pet. in-12 de 12 ff. prél., 398 pp., 1 f. blanc et 111 pp. pour l'*Advis des Curez*, mar. rouge jans., dent. int., tr. dor. (*Trautz-Bauzonnet*).

Première édition imprimée par les Elzevier, avec la remarque à la page 3. *Moines mandiants*, au lieu de *Religieux mendiants* que porte la réimpression, et les pp. cotées 369-398 pour la 18e lettre. — A la suite des *Lettres provinciales* se trouve l'*Advis de messieurs les curez de Paris à messieurs les curez des autres diocèses de France* sur le sujet des mauvaises *maximes de quelques nouveaux casuistes*, 111 pp.
Superbe exemplaire, grand de marges (haut. : 130 mill.), dans une jolie reliure de Trautz-Bauzonnet.
Ex-libris de Saint-Geniès.

194. **Péréfixe** (Hardouin de). Histoire du Roy Henry le Grand... Reveuë, corrigée et augmentée par l'Auteur. *A Amsterdam, chez Daniel Elzevier*, 1664 ; pet. in-12, mar. bleu, dos et plats couverts

d'un semis de fleurs de lis, milieux ornés des armes de Henri IV, de France accolé de Navarre, dent. int., tr. dor. (*Capé*).

La meilleure et la plus complète des quatre éditions de ce livre publiées par les Elzevier d'Amsterdam. Elle contient de plus que celles de 1661 un *Recueil de quelques belles actions et paroles mémorables du roy Henry le Grand* (pages 525-566) et un poème de Cassagnes (ou Cassaignes), poète ami de l'auteur, que Boileau nomme dans ses vers, intitulé *Henry le Grand au Roy*, 10 ff. non chiff. (Willems, n° 1346).

Très bel exemplaire dans une superbe reliure de Capé. Haut. : 134 mill.

Ex-libris Robert Hoe.

195. **Pindare.** Le Pindare Thebain. Tradvction de grec en francois meslee de vers et de prose, par le sieur Pierre de Lagausie. Auec les figures qui representent les principales fables des Odes Olympiqves, Pythiqves, Nemeaqves et Isthmiqves. *A Paris, chez Jean Lacqvehay*, 1626 ; in-8, mar. rouge, dos orné aux petits fers et au pointillé, 3 fil. sur les plats, dent. int., tr. dor. (*Trautz-Bauzonnet*).

Première édition de cette traduction rare. Elle est ornée de 1 frontispice et de 4 compositions hors texte finement gravées en taille-douce par *J. de Courbes*.

Très bel exemplaire dans une jolie reliure de Trautz-Bauzonnet.

Ex-libris Robert Hoe.

196. **Plaute.** Comédies (choisies), traduites en français avec des remarques par Mlle Le Fèvre. *Paris, Denys Thierry et Claude Barbin*, 1683 ; 3 vol. in-12, veau brun, dos orné. (*Rel. de l'époque*).

Première édition de cette traduction recherchée de l'*Amphitryon*, de l'*Epidicus* et du *Rudens*, avec d'importantes remarques et un examen critique.

Mlle Lefèvre est la célèbre traductrice qui devint plus tard Mme Dacier.

197. **Prévost** (l'abbé). Suite des Mémoires et Avantures d'un homme de qualité qui s'est retiré du monde. *A Amsterdam* (*Paris*), *aux dépens de la Compagnie*, 1733 ; in-12 de 8 ff. prélim., 469 pp. chiff. et 1 f. blanc, mar. citron, dos orné aux petits fers et au pointillé, 3 fil. dor. sur les plats, dent. int., tr. dor. (*Hardy-Mennil*).

Cette édition, qui a été considérée pendant longtemps comme l'*originale* de Manon Lescaut, fut imprimée à Paris et défendue quelques jours après son apparition, lorsque le livre commençait à avoir une grande vogue.

Très bel exemplaire, dans une jolie reliure de Hardy-Mennil.

Ex-libris Henry Houssaye.

198. **Rabelais.** Les œuvres de M. François Rabelais, docteur en médecine, dont le contenu se voit à la page suivante. Augmentées de la vie de l'auteur et de quelques remarques sur la vie et sur l'histoire, avec l'explication de tous les mots difficiles. *S. l.* [marque : *la Sphère*], 1663 ; 2 forts vol. pet. in-12, avec le titre du tome 1 en rouge et noir, mar. rouge à long grain, dos et plats orné de fil. à froid, avec petites rosaces dor., dent. int., tr. dor. (*Vogel*).

Première édition elzévirienne d'une très belle exécution, imprimée à Amsterdam par Louis et Daniel Elzevier. (Willems, n° 1363).

Un des plus grands exemplaires connus : il mesure 133 mill. de hauteur ; on y a ajouté la suite des 14 jolies figures, dont un portrait de Rabelais, dessinées par *Desenne*, gravées sur bois par Thompson, pour l'édition Desoer, 1820, en épreuves sur Chine volant.

Ex-libris Robert Hoe.

199. [**RACINE** (Jean)]. **Alexandre le Grand**. Tragédie. *A Paris, chez Pierre Trabouillet*, 1666 ; in-12 de 12 ff. prélim. non chiff., y compris le titre orné d'une vign., et 84 pp., mar. rouge, dent. int., tr. dor. (*Trautz-Bauzonnet*).

ALEXANDRE

LE GRAND.

TRAGEDIE.

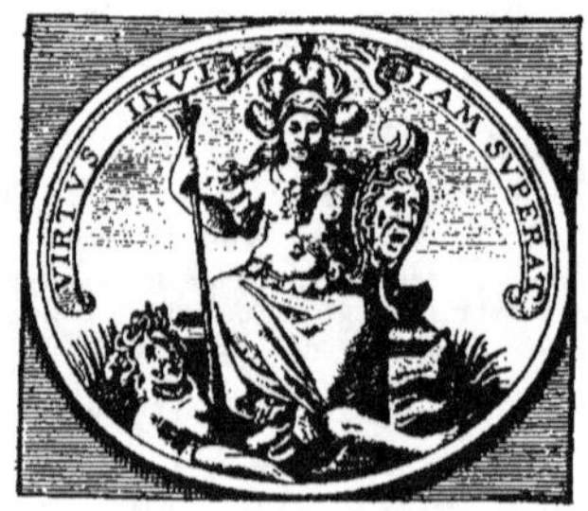

A PARIS,
Chez PIERRE TRABOVILLET, dans la Salle Dauphine, à la Fortune.

M. DC. LXVI.
AVEC PRIVILEGE DV ROY.

Edition originale, une des plus rares des pièces de Racine, avec l'erreur de pagination : laquelle va de 1 à 84, le volume contient en réalité 72 pages, les pp. 61 à 72 ayant été omises.

Bel exemplaire, dans une jolie reliure de Trautz-Bauzonnet. — Haut. : 134 mil. 1/2. Ex-libris Léon Rattier.

200. [**RACINE** (Jean)]. **Andromaque**, tragédie. *A Paris, chez Théodore Girard*, 1668 ; in-12 de 6 ff. prélim. non chiff., y compris le titre, 95 pp. chiff. et 2 pp. non chiff. pour le privilège, mar. rouge jans., dent. int., tr. dor. (*Trautz-Bauzonnet*).

Edition originale, contenant plusieurs passages qui furent supprimés ou modifiées depuis. Très rare. — Le texte de la pièce ne comporte en réalité que 93 pages, les pages 73-74 ayant été omises par l'imprimeur.

Le cahier C, pp. 69 à 72, ainsi que les feuillets préliminaires, est de l'édition de 1673, comme dans beaucoup d'exemplaires.
Jolie reliure de Trautz-Bauzonnet.
Ex libris Robert Hoe.

201. [**RACINE** (Jean)]. **Britannicus**, tragédie. *A Paris, chez Claude Barbin*, 1670 ; in-12 de 8 ff. prélim. non chiff., y compris le titre, et 80 pp. chiff. pour la pièce, mar. rouge, dos orné aux petits fers et au pointillé, fil. dor. sur les plats, dent. int., tr. dor. (*Capé-Masson-Debonnelle*).

Edition originale, dédiée au duc de Chevreuse, de ce chef-d'œuvre de la tragédie française.
Bel exemplaire, dans une jolie reliure de Masson-Debonnelle. — Haut. : 144 mill.

202. **RACINE** (Jean). **Bérénice**, tragédie. Par M. Racine. *A Paris, chez Claude Barbin*, 1671 ; in-12 de 10 ff. prélim. non chiff., y compris le titre, et 88 pp. chiff., mar. rouge jans., large dent. int., tr. dor. (*Lortic*).

Edition originale, dédiée à Colbert, et dont le papier est filigrané aux armes du ministre. Elle offre un texte qui fut modifié dans les éditions suivantes et des vers qui furent supprimés plus tard.
Superbe exemplaire, très grand de marges, dans une jolie reliure de Lortic. — Haut. : 151 mill.

203. **RACINE** (Jean). **Bajazet**, tragédie. Par M. Racine. *Et se vend pour l'Autheur, à Paris, chez Pierre Le Monnier*, 1672 ; in-12 de 4 ff. prélim. non chiff., y compris le titre et 99 pp., mar. rouge jans., dent. int., tr. dor. (*Duru*).

Edition originale de cette tragédie, la seule que Racine ait tirée de l'histoire de son temps.
Bel exemplaire, grand de marges, dans une jolie reliure de Duru. — Haut. : 149 mill.

204. **Racine** (Jean). Bajazet, tragédie. Par M. Racine. *Suivant la copie imprimée, à Paris* [marque : *la Sphère*], 1672 ; pet. in-12 de 69 pp., mar. rouge, dos orné de fleurons, milieux ornés aux petits fers, dent. int., tr. dor. (*Belz, succ. de Niédrée*).

Jolie édition publiée à Amsterdam par Wolfgang, la même année que l'édition originale. (Willems, n° 1924).
Bel exemplaire dans une jolie reliure de Belz-Niédrée. — Haut. : 134 mill.

205. **RACINE** (Jean). **Mithridate**, tragédie. Par M. Racine. *A Paris, chez Claude Barbin*, 1673 ; in-12 de 6 ff. prélim. non chiff., dont 1 f. blanc et le titre, 81 pp. chiff. pour la pièce et 1 f. blanc, mar. bleu jans., large dent. int., tr. dor. (*Allô*).

Edition originale, contenant quelques vers qu'on ne retrouve plus dans les éditions suivantes.
Très bel exemplaire très grand de marges, dans une jolie reliure de Allô. — Haut. : 159 mill.
Ex libris de Marescot.

206. **Racine** (Jean). Mithridate, tragédie. Par M. Racine. *Suivant la copie imprimée à Paris* (Amsterdam, Abr. Wolfgang), 1673 ; pet. in-12 de 67 pp. et 2 ff. blancs, frontispice gravé par Séb. Le Clerc, mar. rouge jans., dent. int., tr. dor. (*Masson-Debonnelle*).

Jolie réimpression de l'édition originale de Claude Barbin, parue la même année. C'est à cette époque que Racine fut reçu à l'Académie française.
Bel exemplaire (haut. : 129 mill. 1/2), dans une jolie reliure de Masson-Debonnelle.

207. [**Racine** (Jean)]. **Esther**, tragédie tirée de l'Escriture Sainte. *A Paris, chez Claude Barbin*, 1689 ; in-4 de 8 ff. non chiff., y compris le frontispice, et 83 pp. chiff., mar. rouge jans., doublé de mar. bleu foncé, large dent. aux petits fers et fleurons aux angles, tr. dor. (*Trautz-Bauzonnet*).

Édition originale, ornée d'un frontispice dessiné par C. Le Brun, gravé par Séb. Le Clerc. Très rare.
Superbe exemplaire, *très grand de marges* (haut. : 252 mill.), dans une splendide reliure doublée de Trautz-Bauzonnet.

208. **Racine** (Jean). Esther, tragédie tirée de l'Escriture Sainte. *Suivant la copie imprimée, à Paris*, 1689 [marque : *le Quærendo*] ; 70 pp., y compris le front. et le titre. — Athalie, tragédie. Tirée de l'Ecriture sainte. *Ibid., id.* [même marque], 1691 ; 8 ff. prélim., y compris le front. et le titre, et 68 pp. — Ens. 2 ouvr. en 1 vol. pet. in-12, mar. bleu, dos orné aux petits fers, fil. sur les plats, dent. int., tr. dor. (*Trautz-Bauzonnet*).

Premières éditions elzéviriennes, exécutées à Amsterdam par Abraham Wolfgang, parues les mêmes années que les éditions originales d'*Esther* et d'*Athalie* ; elles forment le complément de l'édition elzévirienne des œuvres de Racine parue en 1678. (Willems, nº 1924).
Bel exemplaire grand de marges (haut. : 132 mill.), relié par Trautz-Bauzonnet.
Ex-libris Prince d'Arenberg, Robert Hoe et Henri Bordes.

209. [**RACINE** (Jean)]. **Athalie**, tragédie tirée de l'Ecriture Sainte. *A Paris, chez Denys Thierry*, 1691 ; in-4 de 7 ff. prélim. comprenant 1 f. blanc, le titre, la *Préface*, l'*Extrait du Privilège* et les *noms des personnages*, et 87 pp., front. gravé, mar. rouge jans., doublé de mar. bleu, large dentelle int. aux petits fers avec fleurons aux angles, tr. dor. (*Trautz-Bauzonnet*).

Édition originale, imprimée en beaux caractères italiques, ornée d'un frontispice gravé par *Mariette* d'après *J.-B. Corneille*.
Superbe exemplaire très grand de marges dans une remarquable reliure doublée de Trautz-Bauzonnet. — Haut. : 251 mill.
Sur la garde est rapporté l'ex-libris de la *maison royale de Saint-Cyr*, qui figurait vraisemblablement dans la reliure primitive. (Le feuillet blanc qui, suivant J. Le Petit, doit précéder le titre, manque).

ATHALIE
TRAGEDIE.

Tirée de l'Ecriture ſainte.

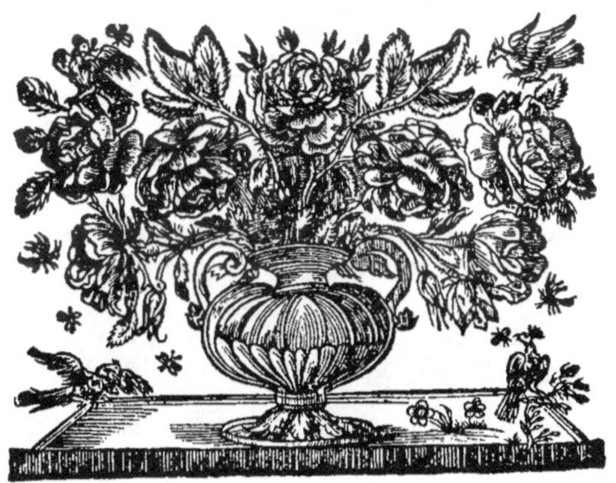

A PARIS,
Chez DENYS THIERRY, ruë ſaint Jacques,
à la ville de Paris.

M. DC. XCI.

AVEC PRIVILEGE DU ROY.

N° 209. — Jean RACINE
Athalie

210. **Racine** (Jean). Œuvres de Racine. *Paris, Denys Thierry*, 1679 ; 2 vol. in-12 de 4 ff. prélim. et 364 pp. pour le 1er vol., et 5 ff. prélim. et 324 pp. plus 6 ff. et 74 pp. (*Phèdre*) pour le 2e vol., mar. rouge jans., doublé de mar. rouge, très riche et large dentelle int. aux petits fers avec fleurons aux angles, tr. dor. (*Thibaron-Joly*).

Précieuse réimpression de la PREMIÈRE ÉDITION COLLECTIVE, de Ribou, 1676, qu'elle reproduit page pour page.

Cette SECONDE ÉDITION ORIGINALE contient, comme la première, 2 frontispices et 9 figures gravés par *Fr. Chauveau* et *Séb. Le Clerc* d'après *Ch. Le Brun*.

A la fin du 2e volume se trouve *Phèdre* avec la date de 1677, seconde édition originale, ornée d'un frontispice d'après *Le Brun* par *Séb. Le Clerc* représentant la célèbre scène d'*Hippolyte*.

Très bel exemplaire grand de marges, dans une magnifique reliure doublée de Thibaron-Joly. — Haut. : 156 mill.

Ex-libris Robert Hoe.

211. **Récréations françoises** (Les) ou regueil (*sic*) de contes à rire, pour servir de divertissement aux Mélancholiques, et de joyeux entretiens dans les Cours, les Cercles et les Ruelles. *Utopie* [Hollande (marque : *la Sphère*)], 1681 ; 2 part. en 1 vol. pet. in-12, curieux front. gravé, mar. rouge, dos orné aux petits fers, 3 fil. sur les plats, dent. int., tr. dor. (*Trautz-Bauzonnet*).

Un des meilleurs recueils de ce genre ; c'est aussi un des plus rares ; il manquait à la collection de M. de Béhague, une des plus riches en ouvrages de cette espèce.

Très bel exemplaire grand de marges, dans une jolie reliure de Trautz-Bauzonnet, ayant appartenu successivement à M. Eugène Paillet et à M. Robert Hoe, avec leur ex-libris. — Haut. : 128 mill.

212. **Régnier** (Mathurin). Les Satyres et autres œuvres du sieur Regnier. Augmentés (*sic*) de diverses pièces cy-devant non imprimées. *A Leiden, chez Jean et Daniel Elsevier* [marque : *le Solitaire*], 1652 ; pet. in-12 de 4 ff. prélim., 202 pp., 2 ff. de table et 1 f. blanc, lettres ornées, mar. rouge, dos orné aux petits fers, fil. sur les plats, dent. int., tr. dor. (*Duru*).

SECONDE ÉDITION ELZÉVIRIENNE contenant, entre autres pièces en plus de la première : la XVIIIe satire, la XIXe ou les rêveries du poète pendant une maladie qui le retenait perclus au lit, une élégie composé pour Henri IV, un dialogue entre Chloris et Philis, etc.

Exemplaire très grand de marges, et, condition très rare, dans un bel état de conservation, sauf une légère réparation au titre, dans une jolie reliure de Duru.

Sur le feuillet blanc final se trouve une épigramme de Régnier « contre un débauché » qui n'a été publiée dans aucune édition de ce poète, copie manuscrite de 11 vers, d'une écriture ancienne. — Haut. : 124 mill. 1/2.

213. **Rohan** (Henri, duc de). Discours politiques du duc de Rohan faits en divers temps sur les affaires qui se passaient. Cy-devant non imprimez. *S. l.*, 1646 [marque : *la Sphère*] ; pet. in-12 de 135 pp., mar. rouge jans., dent. int., tr. dor. (*Hardy*).

ÉDITION ORIGINALE, sortie des presses de Louis Elzevier, d'Amsterdam. (Willems no 1044). Rare. — Jolie reliure de Hardy.

214. **Rohan** (Henri, duc de). Les Mémoires du Duc de Rohan. *S. l.* [marque : *la Sphère*], 1644 ; 2 ff. prélim., le premier blanc, 229 pp. et 1 f. blanc. — Véritable discours de ce qui s'est passé en l'assemblée politique des Eglises reformées de France, tenuë à Saumur... l'an 1611. Servant de supplément aux Mémoires du Duc de Rohan. *Ibid.*, *s. d.* (1646) ; 4 part. formant 135 pp. — Ens. 2 ouvr. en 1 vol. pet. in-12, mar. rouge, dos sans nerfs orné de fil. et rosaces dor., fil. sur les plats avec rosaces aux angles, dent. int., tr. dor. (*Rel. anc.*).

Edition originale des trois premiers livres de ces mémoires célèbres, publiée par Samuel Sorbière. Elle sort, de même que le *Véritable discours*, des presses de Louis Elzevier, d'Amsterdam. (Willems, n°s 1016 et 1044).

Très bel exemplaire, recouvert d'une jolie et très fraîche reliure de Derome. — Haut. : 124 mill. 1/2.

Ex libris Robert Hoe.

215. **Rohan** (Henri, duc de). Mémoires sur les choses advenuës en France depuis la mort de Henry le Grand, jusques à la paix faite avec les Reformez au mois de Juin 1629. Seconde édition augmentée d'un quatriesme livre et de divers discours politiques du mesme auteur, cy-devant non imprimez. *S. l.* [marque : *la Sphère*], 1646 ; 3 part. en 1 fort vol. pet. in-12, mar. citron, dos orné aux petits fers et au pointillé, comp. de fil. et au pointillé sur les plats avec fleurons aux angles, dent. int., tête dor., *non rog.* (*Club Bindery*).

Bel exemplaire *non rogné* (haut. : 138 mill.) de la bonne édition sous cette date, imprimée à Amsterdam par Louis Elzevier. (Willems, n° 1044). Elle contient : 1° les *Mémoires* plus complets que dans la première édition, laquelle s'arrête en Mars 1626, alors qu'ici, le récit s'étend jusqu'en Juin 1629 (4 ff. prélim. et 496 pp.) ; 2° les *Discours politiques* (146 pp. et 1 f. blanc) ; 3° le *Véritable discours de ce qui s'est passé en l'assemblée politique des églises reformées de France, tenuë à Saumur... l'an* 1611 (135 pp.). — Petit raccommodage dans la marge supérieure du dernier feuillet.

Ex-libris Robert Hoe.

216. **Rohan** (Henri, duc de). Le Parfait Capitaine, autrement l'abrégé des guerres des Commentaires de César. Augmenté d'un Traicté : de l'interest des princes, et Estats de la Chrestienté. Avec la préface à Monsieur le cardinal duc de Richelieu. *Jouxte la copie imprimée à Paris* [marque : *la Sphère*], 1641 ; 2 part. en 1 vol. pet. in-12 de 5 ff. prélim., 260 pp., 1 f. blanc et 192 pp., mar. rouge, dos et plats ornés de fil. à froid, milieux armoriés, dent. int., tr. dor. (*Capé*).

Seconde édition elzévirienne avec le *Traité de l'interest des princes* et la première contenant la préface, attribuée à de Silhon en tête de ce traité. (Willems, n° 524).

Bel exemplaire dans une jolie reliure de Capé, aux armes et avec l'ex libris du comte de Lagondie. — Haut. : 122 mill. 1/2.

217. **Rohan** (Henri, duc de). Voyage du duc de Rohan, faict en l'an 1600, en Italie, Allemaigne, Pays-bas Uni, Angleterre et Escosse. *A Amsterdam, chez Louys Elzevier* [marque : *la Sphère*], 1646 ; pet. in-12 de 2 ff. prélim., dont un blanc, et 256 pp., mar. rouge, dos et plats ornés de fil. au pointillé, fil. int., tr. dor. (*Rel. anc.*).

Edition originale, publiée par Sorbière.

Très bel exemplaire grand de marges (haut. : 121 mill.), dans une jolie reliure de Roger Payne, le célèbre relieur anglais de la fin du XVIIIe siècle, de toute fraîcheur.

Ex-libris Robert Hoe.

218. **Rossi** (Bartolommeo), fiorentino. Ornamenti di fabriche antichi et moderni dell' alma citta di Roma con le sue dichiaratione fatti da Bartolommeo Rossi fiorentino. Ad instanza di Andrea della Vaccaria all'insegna della Palma. Parte seconda. (*Roma*) *Joannes Maius Romanus delineavit anno Jubilei*, 1600 ; in-4, titre-frontispice et 13 planches, chag. vert, dent. int., tr. dor. (*Club Bindery*).

Cet album contient un titre frontispice gravé, avec une dédicace à « signore Amerigo Capponi.... » signée d'Andrea della Vaccaria, et 13 planches gravées en taille douce représentant les monuments de la Rome antique et moderne.

Superbes épreuves.

Ex-libris Robert Hoe.

219. **Satyre Ménippée** de la vertu du Catholicon d'Espagne et de la tenuë des Estats de Paris, à laquelle est adjousté un Discours sur l'interprétation du mot de Higuiero d'Infierno, et qui en est l'autheur. Plus le regret sur la mort de l'Asne ligueur d'une damoiselle qui mourut durant le siège de Paris... Avec des remarques et explications des endroits difficiles. *A Ratisbonne, chez Mathias Kerner* (*Bruxelles, Foppens, à la Sphère*), 1664 ; pet. in-12 de 4 ff. prélim., y compris le titre, et 336 pp., mar. bleu à long grain, dos couvert de volutes de feuillage sur un fond de pointillé d'or, comp. de fil. et dent. dor. encadrant les plats, pet. dent. int., tr. dor. (*Simier*).

Deuxième édition sous cette date (Willems, n° 2007).

Très bel exemplaire renfermant la planche repliée de la *Procession de la Ligue* et les deux figures du *Charlatan espagnol* et du *Charlatan lorrain*, dans une superbe reliure de Simier, de toute fraîcheur.

220. **Schoonovius** (Florentius). Emblemata partim Moralia, partim etiam Civilia. Cum latiori eorundem ejusdem Auctoris interpretatione. Accedunt et alia quædam poematia in alijs poematum suorum libris non contenta. *Goudae, apud Andr. Burier*, 1618 ; pet. in-4 de 6 ff. prélim. et 251 pp. chiff., mar. bleu foncé, dos orné, plats ornés

de comp. de fil. et encadr. formé d'entrelacs dor., avec fleurons aux angles, 2 fil. int., tr. dor. (*Rivière*).

Première édition. — Ce beau livre d'emblèmes contient un titre-frontispice, un portrait de l'auteur et 74 gravures en taille-douce à mi-page.
Superbe exemplaire grand de marges, dans une jolie reliure de Rivière.
Ex-libris Robert Hoe.

221. **Schoonovius** (Florentius). Emblemata partim moralia, partim etiam civilia. Cum latiori eorundem ejusdem auctoris interpretatione. Accedunt et alia quaedam poëmatia in aliis poëmatum suorum libris non contenta. *Lugduni Batavorum, ex officina Elzeviriana*, anno 1626 ; pet. in-4, mar. brun, dos orné, fil. dor. sur les plats, large dent. int., tr. dor. (*Rel. mod.*).

Seconde édition de ce recueil, la première donnée par les Elzevier, comprenant un titre frontispice, le portrait de l'auteur et 74 figures d'emblèmes gravées en taille-douce. (Willems, n° 261).
Bel exemplaire grand de marges.

222. [**Serres** (Jean de)]. La Vie de Messire Gaspar de Colligny... A laquelle sont adiousté ses Mémoires sur ce qui se passa au Siège de S. Quentin. *A Leyde, chez Bonaventure et Abraham Elzevier*, 1643 ; pet. in-12 de 4 ff. prélim., 143 pp. pour la *Vie* et 88 pp., y compris un titre spécial, pour les *Mémoires*, mar. rouge à long grain, dos et plats ornés de fil., fil. int., tr. dor. (*Rel. anglaise anc.*).

Le texte original latin a été attribué par le P. Lelong à Jean de Serres, et par d'autres à Jean de Villiers-Hotman ou à François Hotman. C'est l'un des volumes les plus recherchés de la collection elzévirienne. (Willems, n° 564).
Bel exemplaire grand de marges (haut. : 133 mill. 1/2) dans une jolie reliure anglaise de la fin XVIIIe siècle.
Ex-libris de Syston Park et Robert Hoe.

223. **Southwell** (Robert). St. Peters Complainte Mary Magdal. teares. With other workes of the author R. S. *London, printed by I. Haviland*, 1630 ; in-12, mar. rouge à long grain, dos orné de fleurs, feuillages et étoiles, 3 fil. dor. avec fleurons aux angles sur les plats, dent. int., tr. dor. (*Lewis*).

Ouvrage très rare de Robert Southwell, jésuite anglais, né en 1560 dans le Norfolk, pendu le 21 février 1595 à Londres, comme membre de la Compagnie de Jésus : ce titre seul le rendait, à l'époque, coupable de haute trahison.
Le texte est encadré d'un double filet noir ; le titre, gravé en taille douce, est orné de sujets évangéliques à compartiments.
Bel exemplaire ayant appartenu à W. Maskell et à Robert Hoe, avec leur ex-libris, la signature et des notes autographes de Maskell sur le feuillet de garde.

224. **Stent** (Peter). A Booke of Drawinges. Performed according to the best order for vse et Breuity that is yet extant. *London, printed and*

are to be sould by Peter Stent, 1650 ; 18 pl. en 1 vol. pet. in-12 carré, mar. rouge à long grain, dos et plats ornés de fil. dor. (*Rel. mod.*).

Recueil rare, contenant un titre frontispice (l'artiste composant ses planches) et 17 compositions (sujets anatomiques pour la plupart) gravées en taille-douce.
Superbes épreuves. — Jolie reliure.

225. [**Subligny** (Perdou de)]. La Folle querelle ou la Critique d'Andromaque. Comedie representée par la Troupe du Roy (par de Subligny). *A Paris, chez Thomas Jolly*, 1668 ; in-12 de 14 ff. prélim. et 142 pp., mar. rouge, dos orné, fil., dent. int., tr. dor. (*Thibaron*).

Edition originale de cette satire, rare. — Haut. : 150 mill.
Ex-libris Robert Hoe.

226. **Tabarin**. Recueil general des Rencontres, Questions, Demandes, et autres œuvres Tabariniques, avec leurs responses. Ensemble l'extraction de sa race, et l'antiquité de son chapeau... Troisiesme edition augmentée de plusieurs questions. *A Paris, chez Ant. de Sommaville*, 1622 ; pet. in-12, vign. grav., mar. vert, fil. à froid sur le dos et les plats, dent. int., tr. dor. (*Duru*).

Edition très rare qui contient les questions 20 et 52 insérées seulement dans quelques-unes des premières éditions ; elle est ornée d'une jolie vignette sur le titre, gravée en taille douce, représentant le théâtre de Tabarin.
Bel exemplaire provenant de la bibliothèque d'Auguste Veinant, qui a placé en tête du volume une notice manuscrite sur Tabarin et la copie de trois pièces qui manquent dans cette édition : *L'imprimeur au lecteur* ; *Odes sur les rencontres tabariniques* ; *Question huitième*.

227. **Tacite**. C. Corn. Tacitus ex J. Lipsii, editione, cum notis et emendationibus H. Grotii. *Lugduni, Batavorum, ex officina Elzeviriana*, anno 1640 ; 2 tom. en 1 vol. pet. in-12 de 8 ff. prélim., y compris le frontispice gravé, 746 pp., 8 ff. non chiff. d'index et 2 ff. blancs, mar. rouge, dos orné aux petits fers, dent. sur les plats, dent. int., tr. dor. (*Thompson*).

Jolie édition qui sort des presses de Bonaventure et Abraham Elzevier, à Leyde.
Exemplaire contenant les remarques suivantes indiquées par Willems : le 8e feuillet préliminaire porte au recto, *la fin de la liste des consuls* et, au verso, *les portraits d'Auguste, Livie et César* ; il possède le tableau, en regard de la page 400 ayant pour titre *Stemma Augustae domus*, qui manque souvent, ainsi que le second titre précédant la page 403 : *C. Cornelii Taciti Historiarum libri quinque, ex alia ejusdem qua extant*. Ibid., id., 1640.
Bel exemplaire relié par Thompson. — Haut. : 129 mill.
Ex libris Robert Hoe.

228. **Tacite**. L'Histoire de Tacite, ou la suite des Annales... Cette histoire commence quinze jours avant la mort de Galba et finit environ six mois après celle de Vitellius, qui sont dix-huit mois en

tout. Le reste est perdu. *A Amsterdam, de l'impr. de Louis Elzevir*, 1663 ; pet. in-12 de 451 pp. et 31 ff. pour la table des matières, veau brun, tr. marb. (*Rel. anc.*).

Traduction dont l'auteur est resté inconnu à Barbier. D'autre part, il s'agit vraisemblablement d'un faux elzevir et le volume doit sortir d'une imprimerie rouennaise.

229. **Tacite.** Les Œuvres de Tacite, de la traduction de Nicolas Perrot, sieur d'Ablancourt, avec des remarques sur la traduction. *A Paris, chez Charles Osmont*, 1688 ; 3 vol. pet. in-12, mar. vert, dos orné aux petits fers et au pointillé, avec pièce de titre rouge, large dent. sur les plats, doublé de mar. rouge, dent. int., tr. dor. (*Rel. de l'époque*).

Edition la plus complète de cette traduction très recherchée, ornée d'un frontispice et de beaux portraits d'empereurs romains en médaillon.

Très bel exemplaire entièrement réglé, dans une superbe reliure doublée de Boyet.

Ex-libris Robert Hoe.

230. **Tasse** (le). L'Aminte du Tasse, pastorale, traduite de l'italien en vers françois. *A Paris, chez Claude Barbin*, 1666 ; in-12 de 6 ff. prélim., 185 pp. et 1 f. non chiff., demi-rel. mar. vert, dos orné aux petits fers, tr. peigne.

Première traduction française, de l'abbé de Torche, avec le texte en regard ; elle est ornée d'un titre gravé et de 6 figures gravés en taille-douce par *Cossinus* (les pp. 181-182 sont rognées).

231. **Tempesta** (Antoine). Collection de 219 gravures en taille-douce représentant des scènes de l'Ancien Testament. *S. l. n. d.*, (vers 1620) ; pet. in-8 oblong, ais recouverts de mar. rouge, dos et plats couverts d'ornements courbes, aux petits fers et au pointillé, tr. dor. (*Rel. de l'époque*).

Epreuves à grandes marges AVANT LA LETTRE.

Un titre libellé en hollandais et daté de 1674, entouré d'un joli encadrement peint, sur parchemin, est placé en tête du recueil.

Belle reliure dans le style de Le Gascon.

Ex-libris Robert Hoe.

232. **Térence.** Pub. Terentii Comoediae sex, ex recensione Heinsiana. *Lugd. Batavorum, ex officina Elzeviriana*, 1635 ; pet. in-12 de 24 ff. prélim., y compris le titre gravé, 304 pp. et 4 ff. d'index, mar. vert à long grain, dos et plats ornés de fil. et fleurons or et à froid, milieux armoriés, fil. int., tr. dor. (*Rel. anc.*).

VÉRITABLE ÉDITION ORIGINALE de ce chef d'œuvre typographique, avec les remarques indiquées par Willems (n° 433) ; elle est ornée d'un frontispice en taille-douce signé *Cornel. Cl. Duseud scalp.* et d'un portrait en médaillon de Térence au verso du 8e f. préliminaire.

Bel exemplaire très grand de marges (haut. : 130 mill.), aux armes du marquis de Blandford.

Sur le titre se lit la signature de RACINE.

Ex libris Robert Hoe.

233. **Testament** (Nouveau). Le Nouveau Testament, c'est à dire la nouvelle alliance de nostre Seigneur Jesus Christ. *Se vend à Charenton, par Antoine Cellier*, 1669 ; pet. in-8, front. gravé, musique notée, mar. rouge, dos et plats couverts d'ornements au pointillé, dent. int., tr. dor. (*Rel. de l'époque*).

Exemplaire réglé dans une jolie reliure de Boyet.

234. **Vænius** (Othon). Q. Horatii Flacci Emblemata. Imaginibus in æs incisis, notisq. illustrata, studio Othonis Vaeni Batavolugdunensis. *Antuerpiae, ex officina Hieronymi Verdussen, auctoris ære et cura*, 1607 ; in-4 de 213 pp. et 1 f. manuscrit, mar. rouge à long grain, dos orné d'arabesq. à froid, fil. dor. et dentelle à froid sur les plats, fil. int. avec rosaces aux angles, tr. dor. (*Rel. romantique*).

Edition originale des *Emblèmes* de Vænius, contenant un titre orné du portrait d'Horace en médaillon et 103 belles gravures sur cuivre de Othon Vænius, en épreuves superbes.

Très bel exemplaire très grand de marges, avec un *ex dono autoris* manuscrit sur le titre et une épigramme latine sur les *Emblèmes de* Vænius, 14 lignes mss., de la même écriture, dans une joie reliure romantique aux armes de Michel Wodhull.

Ex libris Robert Hoe.

235. **Xénophon.** La Retraite des Dix Mille, ou l'expédition de Cyrus contre Artaxerxes. De la traduction de Nicolas Perrot, sieur d'Ablancourt. *A Paris, chez la Veuve Jean Camusat et Pierre le Petit*, 1648 ; in-8 de 8 ff. prélim. non chiff., 493 pp. et 7 ff. non chiff. de table, mar. rouge, dos sans nerfs orné avec pièce de titre verte, fil. sur les plats avec fleurons aux angles, dent. int., tr. dor. (*Rel. anc.*).

Première édition de la traduction de Perrot d'Ablancourt.

Bel exemplaire recouvert d'une jolie reliure de Derome.

236. **Zinkgräff** (J.-G.). Emblematum Ethico-Politicorum Centuria Julii Guilielmi Zincgrefii. *Prostat apud Johann. Theodor. de Bry*, 1619 ; pet. in-4 de 8 ff. prélim. et 102 ff. non chiff., mar. grenat, dos orné aux petits fers, fil. sur les plats avec fleurons aux angles, dent. int., tr. dor. (*Noulhac*).

Premier tirage des *Centuries morales et politiques*, contenant un titre frontispice et 100 figures d'emblèmes en médaillon, finement gravés en taille-douce par *Matthieu Mérian* ; chaque emblème est accompagné d'une légende en vers français et d'un commentaire en latin. — Non cité par Brunet

Zinggräff est un poète allemand, émule d'Opitz, non moins célèbre comme érudit.

Bel exemplaire, dans une jolie reliure de Noulhac.

Ex-libris Robert Hoe.

III. Livres à figures du XVIIIe siècle

237. **Abrégé** de l'Histoire romaine [par Millot], orné de 49 estampes gravées en taille-douce avec le plus grand soin, qui en représentent les principaux sujets. *Paris, Nyon*, 1789 ; in-4, veau marb., dos sans nerfs orné, dent., tr. dor. (*Rel. de l'époque*).

PREMIER TIRAGE. — 1 frontispice par *Piauger*, gravé par *Tardieu*, et 48 planches, dont plusieurs sont repliées, par *Eisen*, *Gravelot*, *Gabriel de Saint-Aubin et Bolomey*, gravées par *Aveline*, *Chenu*, *Aug. de Saint-Aubin*, etc.

Ex-libris Coukney et D. L. Salomons Bart.

Belles épreuves AVANT LA LETTRE.

238. **Abrégé** de l'Histoire romaine [par Millot], orné de 49 estampes gravées en taille-douce avec le plus grand soin, qui en représentent les principaux sujets. *Paris, Moutardier*, 1798 ; in-4, veau rac., dos sans nerfs orné, fil. sur les plats, tr. rouges. (*Rel. de l'époque*).

Ouvrage renfermant 1 frontispice par *Piauger*, gravé par *Tardieu*, et 48 planches par *Eisen*, *Gravelot*, *Gabriel de Saint-Aubin*, *Bolomey* et gravées par *Aveline*, *Chenu*, *Aug. de Saint-Aubin*, etc.

239. **Anacréon, Sapho, Bion** et **Moschus**. Traduction nouvelle en prose, suivie de la Veillée des fêtes de Vénus et d'un choix de pièces de différens auteurs, par M. M*** C*** (Moutonnet de Clairfond). *A Paphos, et se trouve à Paris, chez Le Boucher*, 1773 ; in-8, veau éc., dos orné, fil. avec fleurons aux angles, sur les plats, bord. int. dor., tr. dor. (*Rel. de l'époque*).

PREMIER TIRAGE. — Un des plus beaux livres du XVIIIe siècle; il est illustré d'un frontispice, 12 en têtes et 13 culs-de-lampe, dessinés par *Eisen*, gravés par *Massard*,

240. **Arioste.** Roland furieux, poème héroïque de l'Arioste. Traduction nouvelle par M. d'Ussieux. *Paris, Brunet*, 1775-1783 ; 4 vol. gr. in-8, veau écaille, dos sans nerfs orné avec pièces de titre vertes, bord. dor. encadrant les plats, dent. int., tr. dor. (*Rel. de l'époque*).

Edition illustrée de 1 portrait d'Arioste (celui de l'édition italienne) et de 92 figures, soit 46 figures d'après *Cipriani*, *Cochin*, *Eisen*, *Greuze*, *Monnet* et *Moreau* (de l'édition de Baskerville) et 46 figures d'après *Cochin* composées pour cette édition (sans encadrement).

Bel exemplaire renfermant les gravures AVANT LA LETTRE parmi lesquelles un certain nombre avec les noms des artistes à la pointe.

241. **Basan** (François). Recueil d'estampes gravées d'après les tableaux du Cabinet de Monseigneur le Duc de Choiseul, par les soins

du sieur Basan. *A Paris, chez l'auteur*, 1771 ; in-4, veau écaille, dos couvert d'ornements à la fanfare, fil. sur les plats, tr. dor. (*Rel. de l'époque*).

Superbe recueil contenant 1 titre par *Choffard*, avec une dédicace gravée au verso, 1 portrait du duc de Choiseul d'après *Van Loo*, gravé par *de Launay*, une description des tableaux en 12 pages, gravées, et 128 planches gravées par *Baquoy, Germain, Binet, Martini, Saint-Aubin, Massard, Ingouf, Delvaux, de Launay, Rousseau*, etc., la plupart d'après les maîtres hollandais.

Exemplaire du PREMIER TIRAGE, avec la légende *Lot et ses filles*, à la pl. 87. (Le dos de la reliure est refait et les coins sont réparés).

242. **Beaumarchais** (P.-A. CARON DE). La Folle Journée, ou le Mariage de Figaro, comédie en cinq actes, en prose, par M. de Beaumarchais. Représentée pour la première fois par les comédiens français ordinaires du Roi, le mardi 27 avril 1784. (*Paris*), *chez Ruault*, 1785 ; in-8, mar. grenat foncé, dos orné, fil., dent. int., tr. dor. (*Rel. mod.*).

ÉDITION ORIGINALE.

Exemplaire auquel on a ajouté la suite dite de *Malapeau*, composée de 5 figures dessinées par *Saint-Quentin*, gravées par *Malapeau*, la dernière par *Roi* ; cette cinquième figure est découverte (petite tache au faux-titre et petites déchirures aux derniers ff.).

243. **Bernard** (P.-J., dit GENTIL-BERNARD). Œuvres. (L'Art d'aimer ; Phrosine et Mélidore ; Castor et Pollux et Poésies diverses). *Paris, de l'imp. de Crapelet, s. d.* (vers 1795) ; in-8, veau rac., dos sans nerfs orné, tr. marb. (*Rel. anc.*).

Ce recueil est orné d'un frontispice gravé par *Baquoy* et de 7 figures dont 3 par *Martini* et 4 par *Eisen*, gravées par *Baquoy, Ponce, Patois* et *Gaucher*.

5 figures sont avant la lettre.

244. **Bernard** (P.-J., dit GENTIL-BERNARD). Œuvres de P.-J. Bernard, ornées de gravures d'après les desseins (*sic*) de Prud'hon ; la dernière estampe gravée par lui-même. *A Paris, de l'impr. de Didot l'aîné*, 1797 ; gr. in-4, demi-rel. mar. vert avec coins, dos orné, tête dor., non rog. (*Galette*).

Edition ornée de 4 figures par *Prudhon*, gravées par *Prudhon, Beisson* et *Copia*.

Un des 150 exemplaires imprimés sur PAPIER VÉLIN, contenant les gravures AVANT LA LETTRE.

245. **Berquin** (Arnaud). Idylles, par M. Berquin. 11e édition. (*Paris, Ruault*, 1775) ; pet. in-12, veau éc., dos orné, fil. sur les plats, tr. dor. (*Rel. de l'époque*).

Premier volume de ce joli recueil ; il renferme 1 frontispice dessiné et gravé par *Marillier* et 12 charmantes figures par *Marillier*, gravées par *Le Gouaz, Ponce, De Ghendt* et *de Launay*. (La marge inférieure du frontispice a été coupée).

246. **BERQUIN. Pygmalion**, scène lyrique de M. J.-J. Rousseau, mise en vers par M. Berquin. Le texte gravé par Drouët. *Paris*, 1775 ; gr. in-8 de 2 ff. n. chiff. et 18 pp., mar. bleu jans., doublé de mar. citron, orné de comp. de fil. et d'une large et splendide dentelle aux petits fers genre Derome, dont le fer dit à l'oiseau, avec volutes de feuillage, fleurs, semis au pointillé, gardes de soie vieil or, tr. dor., étui gainé. (*Joly fils*).

Joli livre entièrement gravé : il est orné d'un titre par *Marillier*, gravé par *Ponce*, et de 6 charmantes vignettes par *Moreau*, gravées par *Delaunay* et *Ponce*.

A la suite se trouve l'*Idylle* de Berquin ; 1 f. de titre et 8 pp. de texte, entièrement gravés, avec 1 vignette et 1 cul-de-lampe par *Marillier*, gravés par *Gaucher*.

Très beaux exemplaires grands de marges, dans une magnifique reliure doublée de Joly fils.

247. **Berquin.** Romances, par M. Berquin. *A Paris*, *chez Ruault*, 1776 ; in-12, mar. rouge, dos orné aux petits fers, fil. dor. sur les plats, dent. int., tr. dor. (*Cuzin*).

Premier tirage. — Joli recueil orné de 1 frontispice et 6 charmantes figures par *Marillier*, gravées par *De Launay*, *De Ghendt* et *Ponce*.

Très bel exemplaire imprimé sur papier de Hollande, contenant les figures avant les numéros, bien complet des 6 ff. de musique gravée.

Jolie reliure de Cuzin.

248. **Bible** (La Sainte), contenant l'Ancien et le Nouveau Testament, traduite en françois sur la Vulgate, par M. Le Maistre de Saci. Nouvelle édition, ornée de 300 figures, gravées d'après les dessins de M. Marillier. *Paris*, *Defer de Maisonneuve* (*de l'imprimerie de Monsieur*), 1789-an XII (1804) ; 12 vol. in-8, demi-rel. veau bleu, dos sans nerfs orné en long, tr. marb. (*Rel. romantique*).

Superbe édition, ornée de 300 figures (204 pour l'Ancien Testament et 96 pour le Nouveau Testament), par *Marillier* et *Monsiau*, gravées par *Dambrun*, *De Launay*, *De Ghendt*, *Giraud*, *Halbou*, *Trière*, etc., et plusieurs cartes et planches repliées.

Exemplaire auquel on a, en outre, ajouté la suite complète des 64 figures gravées d'après *Devéria* sur Chine monté, hors texte. — (Qq. mouillures, principalement au dernier volume).

249. **Bion** et **Moschus.** Idylles, traduites en français, par J.-B. Gail. *Paris*, *Didot*, an III, (1795) ; in-18, veau marb., dos orné, fil., pet. dent. int., tr. dor. (*Rel. anc.*).

Edition ornée de 1 portrait et 4 jolies figures par *Le Barbier*, gravés par *Dambrun*, *Gaucher*, *Delignon*.

Exemplaire sur papier vélin, contenant les figures avant la lettre (2 figures manquent).

250. **Bitaubé** (P.-Jérémie). Joseph. Sixième édition revue et corrigée. *A Paris*, *de l'impr. de Didot l'aîné*, 1797 ; 2 vol. in-18, veau fauve, dos sans nerfs orné avec pièce de titre rouge, fil. sur les plats, tr. dor. (*Rel. de l'époque*).

Edition ornée de 9 figures par *Marillier*, gravées par *Née*.

251. **Blin de Sainmore** (A.-M.-H.). Lettre de Biblis à Caunus son frère, précédée d'une lettre à l'auteur. — Troisième édition. *Paris, Séb. Jorry*, 1765 ; 1 vign. et 1 cul-de-lampe par *Eisen*, gravés par *de Longueil* (la figure de Gravelot manque). — Lettre de Gabrielle d'Estrées à Henri IV. Précédée d'une épître à M. de Voltaire et sa réponse. — Troisième édition. *Id.*, 1767 ; 1 fig., 1 vign. et 1 cul-de-lampe par *Eisen*, gravés par *Massard* et *Aliamet* (mouillures à 2 ff.). — Lettre de Sapho à Phaon, précédée d'une épître à Rosine, d'une vie de Sapho et suivie d'une traduction en vers de ses ouvrages. — Troisième édition. *Id.*, 1768 ; 1 fig. par *Gravelot*, gravée par *Aliamet*, 1 vign. par *Eisen*, gravée par *De Ghendt*, et 1 cul-de-lampe par *Choffard*. — Lettre de Jean Calas à sa femme et à ses enfants. Précédée d'une épître à M. de** sur le sentiment. — Troisième édition. *Id.*, 1768 ; 1 fig., 1 vign. et 1 cul-de-lampe par *Eisen*, gravés par *De Ghendt* et *Massard*. — Ens. 4 opuscules en 1 vol. in-8, cart. bradel demi-perc. bleue. — Mouillures.

252. **BOCCACE** (Jean). **Le Décaméron** de Jean Boccace (trad. d'Ant. le Maçon). *Londres* (*Paris*), 1757-1761 ; 5 vol. in-8, mar. rouge, dos orné, dent. formée de fleurs et feuillage sur les plats, tr. dor. (*Rel. anglaise de l'époque*).

PREMIER TIRAGE. — Un des plus beaux livres du XVIIIe siècle. Il est orné de 5 frontispices, d'un portrait, de 110 figures et de 97 culs-de-lampe de *Gravelot, Boucher, Cochin* et *Eisen*, gravés par *Aliamet, Baquoy, Flipart, Legrand, Lemire, Lempereur, Leveau, Moitte, Ouvrier, Pasquier, Pitre-Martenasie, Saint Aubin, Sornique* et *Tardieu*.

Exemplaire grand de marges, avec le paraphe à la plupart des figures (Qq. taches, certaines figures sont un peu plus courtes de marges).

253. **Boccace**. Contes de Bocace ; traduction nouvelle, augmentée de divers Contes et Nouvelles en vers imités de ce poète célèbre, par La Fontaine, Passerat, Vergier, Perrault, Dorat et autres ; et enrichie de notes historiques sur les principaux personnages que Bocace a mis sur la scène, et sur les usages observés dans le siècle où il vivait. Par A. Sabatier de Castres, auteur des Trois Siècles de la Littérature. *Paris*, *Poncelin*, an x-1801 ; 11 vol. in-8, cart. de l'époque, *non rogné*.

Très jolie édition ornée de 133 figures par *Gravelot, Boucher, Monnet* et *Bornet*, gravées par *Cochin, Delvaux, Duprécl*, etc.

A la suite du *Décaméron*, on trouve : ALGAROTTI. Le Congrès de Cythère et Lettre de Léonce à Erotique son fils (tome XI, pag. 309 et suiv., fig.).

Bel exemplaire non rogné, de toute fraicheur. — Rare en cette condition.

Ex-libris Robert Hoe.

254. **Boileau**. Œuvres de M. Boileau-Despréaux. Nouvelle édition, avec des éclaircissemens historiques, donnés par lui-même, et rédigés par M. Brossette ; augmentée de plusieurs pièces, tant de l'auteur,

qu'aïant rapport à ses ouvrages, avec des remarques et des dissertations critiques. Par M. de Saint-Marc. *A Paris, chez David et Durand*, 1747 ; 5 vol. in-8, mar. rouge à long grain, dos orné d'arabesques et de feuillage sur fond de pointillé d'or, comp. de fil. et de dentelles formées de guirlandes de vigne avec grappes et de torsades, doubl. et gardes de moire verte, milieux armoriés, dent. int., tr. dor. (*Lefebvre*).

Edition ornée d'un portrait par *Rigaud*, gravé par *Daullé*, 5 fleurons sur les titres par *Eisen*, dont 3 gravés par *Boucher*, 38 vignettes dessinées par *Eisen*, gravées par *Aveline*, *de La Fosse*, etc., 2 culs-de-lampe non signés, sauf 2 portraits par *Mathey*, et 6 belles figures pour le *Lutrin*, non signées, mais dessinées et gravées par *Cochin*.

Exemplaire imprimé sur papier fin de Hollande, contenant les 6 figures du Lutrin en épreuves avant la lettre et auquel on a ajouté la suite de 1 portrait, dessiné et gravé par *Aug. de Saint-Aubin*, et 6 figures dessinées par *Moreau le jeune* et gravées par *Delvaux*, *De Ghendt* et *Simonet*, publiée par Renouard, en épreuves avant la lettre sur Chine.

Ravissante reliure de Lefebvre, d'une fraîcheur exceptionnelle, portant sur les plats de chaque volume les armes de Breuilly.

Ex-libris Yemeniz et Robert Hoe.

255. **Brantome.** Œuvres du Seigneur de Brantôme, nouvelle édition, considérablement augmentée et accompagnée de remarques historiques et critiques. *A La Haye, aux dépens du Libraire* (*Rouen*), 1740 ; 15 vol. pet. in-12, mar. rouge, dos orné aux petits fers, fil., dent. int., tête dor., non rog. (*Niédrée*).

L'édition la plus complète, contenant les remarques de Le Duchat, Lancelot et Prosper Marchand ; elle est illustrée de 1 fleuron répété sur chaque titre, 14 frontispices dessinés et gravés par *J.-V. Schley*, dont 7 différents, et 1 beau portrait de Brantôme dans le dernier volume.

Bel exemplaire *non rogné*, dans une très jolie reliure de Niédrée. — Très rare en cette condition exceptionnelle.

256. **Camoëns.** La Lusiade de Louis Camoëns ; poème héroïque, en dix chants, nouvellement traduit du portugais [par J.-F. de La Harpe et Vaquette d'Hermilly], avec des notes et la vie de l'auteur. *A Paris, chez Nyon aîné*, 1776 ; 2 vol. in-8, demi-rel. mar. rouge, non rog. (*Rel. anc.*).

Edition ornée de 10 charmantes figures non signées attribuées à *Eisen*.

Bel exemplaire non rogné.

257. **CANAL** (Ant.). **Urbis Venetiarum prospectus celebriores** ex Antonii Canal tabulis XXXVIII aere expressi ab Antonio Visentini in partes tres distributi. *Venetiis, apud Joannem Baptistam Pasquali*, 1751-1754 ; 3 part. en 1 vol. in-fol. oblong, demi-rel. veau rac. avec coins, dos orné de fil. et dent., avec pièce de mar. rouge, pet. dent. sur les plats, tr. jasp. (*Pagnant*).

Superbe et rarissime album de vues de Venise, dessinées par *Antonio Canal*, dit *Canaletto*, artiste peintre vénitien (1697-1768), dont le talent se spécialisa dans les vues de Venise et dont le plus précieux ouvrage est la *Vue du grand canal* que possède le Musée du Louvre.

Cet album contient : 1 titre frontispice gravé par *Angela Baroni*, avec cette légende : « Prospectus magni canalis Venetiarum addito certamine Nautico et Nundinis Venetis. Omnia sunt expressa ex tabulis XIV. Pictis ab Antonio Canale in aedibus Josephi Smith Angli, delineante atque incidente, Antonio Visentini, elegantius recusi, anno 1742 » ; 2 portraits : Antoine Canal et Antoine Visentini, dessinés et gravés par *Ant. Visentini*, et 38 planches gravées en taille douce dont 14 pour la 1re partie, 12 pour la 2e et 12 pour la 3e. Ces estampes sont de charmantes vues de Venise et de ses canaux, animées de nombreux personnages, gondoles, felouques, etc.

Très bel exemplaire à toutes marges, avec les trois titres en rouge et noir, ornés d'une vignette gravée par *Visentini*, la même pour chaque partie. — TRÈS RARE.

Ex-libris gravé de John Selwin.

258. **Catulle, Tibulle et Gallus.** Traduction en prose par l'auteur des *Soirées helviennes*, et des *Tableaux* (le marquis de Pezay). *Amsterdam et Paris, Delalain*, 1771 ; 2 vol. gr. in-8, veau écaille, dos orné avec pièces de titre rouges et noires, 3 fil. sur les plats, dent. int., tr. dor. (*Rel. de l'époque*).

Edition ornée de 1 frontispice par *Eisen*, gravé par *de Longueil*, placé dans chaque volume, et un cul-de-lampe par les mêmes ; nombreux fleurons, en-têtes et culs-de-lampe gravés sur bois.

259. **Cazotte** (Jacques). Ollivier, poème. *A Paris, de l'impr. de Pierre Didot l'aîné*, an VI-1798 ; 2 tom. en 1 vol. in-18, veau fauve clair, dos orné aux petits fers, dent. à froid et comp. de fil. dor. avec fleurons aux angles sur les plats, dent. int., tr. dor. (*Rel. romantique anglaise*).

Charmante édition de ce poème en prose mêlé de vers, orné de 12 jolies figures de *Lefebvre*, gravées par *Godefroy*.

EXEMPLAIRE SUR PAPIER VÉLIN, contenant les figures AVANT LA LETTRE. (Petit raccommodage insignifiant à la p. 155 du tome Ier).

260. **Cent Nouvelles Nouvelles** (Les). Suivent les Cent Nouvelles contenant les cent histoires nouveaux, qui sont moult plaisans à raconter, en toutes bonnes compagnies, par manière de joyeuseté. *A Cologne, chez Pierre Gaillard (Hollande)*, 1701 ; 2 vol. pet. in-8, mar. rouge, dos orné aux petits fers, fil. sur les plats et tête de cerf au centre, large dent. int., tr. dor. (*Lortic*).

Très jolie édition ornée de 1 frontispice par *Romain de Hooghe*, gravé par *G. Van der Gouwen*, 100 figures à mi-page, 1 vignette et 1 cul-de-lampe par *Romain de Hooghe*.

Superbe exemplaire du PREMIER TIRAGE contenant les figures imprimées dans le texte, dans une jolie reliure de Lortic.

261. **Cervantès.** Les Principales Avantures de l'admirable Don Quichotte, représentées en figures par Coypel, Picart le Romain, et autres habiles maitres ; avec les explications des XXXI planches de cette magnifique collection, tirées de l'original espagnol de Miguel

Cervantès. *A la Haie, chés Pierre de Hondt*, 1746 ; in-4, veau marb., dos sans nerfs orné, fil. et armoiries sur les plats, tr. rouges. (*Rel. de l'époque*).

Très belle édition illustrée de 1 fleuron de titre et 1 vignette en tête de la dédicace, par *J.-V. Schley* et 31 estampes par *Boucher*, *Coypel*, *Cochin*, *Lebas*, *Picart* et *Trémollières*, gravées par *Fokke*, *Picart*, *V. Schley* et *Tanjé*, tirées hors texte.

Très bel exemplaire du PREMIER TIRAGE AVANT LES NUMÉROS au bas des figures.

Aux armes de MARTIN DU BELLAY, évêque de Fréjus (1703-1775).

Rare en cette condition.

262. **Cervantès**. Don Quichotte de la Manche, traduit de l'espagnol de Michel de Cervantès. Ouvrage posthume avec figures. *De l'imprimerie de Guilleminet, à Paris, chez Deterville*, an IX (1801) ; 6 vol. pet. in-12, mar. rouge à long grain, fil. dor. sur le dos et les plats, fil. int., tr. dor. (*Rel. de l'époque*).

Charmante édition, ornée de 6 figures par *Queverdo*.

On y a joint : Nouvelles nouvelles par M. de Florian, de l'Académie françoise, de celles de Madrid, Florence, etc. *Paris, Girod et Tessier*, 1792 ; pet. in-12, même reliure.

263. **Cervantès**. Nouvelles de Michel de Cervantès, auteur de l'histoire de Dom Quichotte. Traduction nouvélle augmentée de plusieurs histoires, retouchée dans cette édition et enrichie de figures. *A Rouen, et se vend à Paris, chez Pierre Witte*, 1723 ; 2 vol. pet. in-12, mar. rouge, dos sans nerfs orné avec pièces de titre vertes, fil. dor. et rosaces, dent. int., tr. dor. (*Rel. de l'époque*).

Edition rare, avec titre imprimé en rouge et noir, ornée de 10 charmantes figures non signées. — Portrait de Cervantès par *Flouest*, gravé par *Guyard*, ajouté.

Jolie reliure de Derome (petite réparation au premier plat du tome II).

264. **Chateaubriand** (François-René, vicomte de). Atala. — René. *Paris, Le Normant*, 1805 ; pet. in-12, veau marb., dos sans nerfs orné de flèches et carquois et motifs aux petits fers, dentelle sur les plats, fil. int., tr. dor. (*Rel. de l'époque*).

Première édition des deux ouvrages réunis ; elle est ornée de 6 figures de *S.-B. Garnier*, gravés par *Saint-Aubin* et *Choffard*. — Petit trou dans la marge de la p. 167.

265. **Choderlos de Laclos**. Les Liaisons dangereuses. Lettres recueillies dans une société et publiées pour l'instruction de quelques autres, par C*** de L***. *Londres*, 1796 ; 2 vol. in-8, demi-rel. veau rouge, dos à 4 nerfs orné or à froid, tr. rouges. (*Rel. anglaise de l'époque*).

Edition illustrée de 2 frontispices et 13 figures par *Monnet*, *Mlle Gérard* et *Fragonard fils*, gravés par *Baquoy*, *Dupréel*, *Lemire*, etc., et retouchés par *Delvaux*.

Belle réimpression exécutée vers 1812, avec le trait ondulé aux titres (la 3e figure du tome 1er, sans marge, est remontée).

Ex libris Guy-Pellion.

266. **Corneille** (Pierre). Théâtre de Pierre Corneille, avec des commentaires (par Voltaire), etc., etc., etc. *S. l.* (*Genève*), 1764 ; 12 vol. in-8, veau éc., fil. sur les plats, dent. int., tr. dor. (*Rel. de l'époque*).

PREMIER TIRAGE. — Très belle édition, ornée de 1 frontispice par *Pierre*, gravé par *Watelet*, et 34 figures par *Gravelot*, gravées par *Baquoy, Flipart, Lemire, Lempereur, de Longueil, Prévost* et *Radigues*. (Qq. ff. roux, comme dans tous les exemplaires, particularité signalée, d'ailleurs, par Cohen (6e éd., col. 355).

267. **Demoustier** (C.-A.). Lettres à Emilie sur la mythologie. *Paris, A.-A. Renouard*, XI-1803 ; 6 part. en 3 vol. in-12, pap. vélin, veau veau porph., dos sans nerfs, orné avec pièces de titre noires, dent. int., tr. dor. (*Rel. de l'époque*).

Edition ornée de 1 portrait de Demoustier, gravé par *Tardieu* d'après *Pajou*, et de 36 ravissantes figures par *Moreau*, gravées par *Delvaux, De Ghendt, Roger, Trière*, etc... C'est l'un des meilleurs parmi les livres illustrés par Moreau.

268. **Destouches** (Ph. NERICAULT). Œuvres de M. Destouches, de l'Académie françoise. Nouvelle édition... ornée de belles figures en taille-douce. *Amsterdam et Leipzig, Arkstée et Merkus*, 1755 ; 5 vol. pet. in-12, mar. vert jans., dent. int., tr. dor. (*Duru*).

PREMIER TIRAGE. — Edition ornée de 1 beau portrait de Destouches, gravé par *Fokke*, 1 fleuron sur le titre des 4 premiers volumes, 1 frontispice non signé au 3e vol. et 23 figures par *Aartman*, gravées par *Fritsch*.
Très bel exemplaire dans une charmante reliure de Duru.

269. [**Dezallier d'Argenville**]. L'Histoire naturelle éclaircie dans deux de ses parties principales, la Lithologie et la Conchyliologie, dont l'une traite des pierres et l'autre des coquillages. Ouvrage dans lequel on trouve une nouvelle méthode et une notice critique des principaux auteurs qui ont écrit sur ces matières. Enrichi de figures dessinées d'après nature. *Paris, de Bure l'aîné*, 1742 ; in-4, veau fauve, dos orné, tr. rouges. (*Rel. de l'époque, usagée*).

Exemplaire du PREMIER TIRAGE, contenant 33 belles planches de minéraux et coquillages, gravées en taille-douce.
L'auteur, membre de la Société des Sciences de Londres, n'est pas moins célèbre comme artiste que comme naturaliste.

270. [**Diderot** (Denis)]. Les Bijoux indiscrets [par Diderot]. *Au Monomotapa, s. d.* (1748) ; 2 vol. in-12, veau fauve, dos sans nerfs orné de fil. et fleurons, avec pièces de titre rouges et vertes, fil. sur les plats, tr. rouges. (*Rel. de l'époque*).

Jolie édition ornée de 1 fleuron sur chaque titre, 1 frontispice et 6 figures non signés.
Très bel exemplaire du PREMIER TIRAGE.
Ex-libris Robert Hoe.

271. **Diderot** (Denis). Les Bijoux indiscrets. *Au Monomotapa, s. d.* (*Paris*, 1748) ; 2 vol. in-12, cart. bradel demi-mar. bleu foncé à long grain avec coins, non rog.

Jolie édition, ornée de 2 vignettes de titre, 1 frontispice et 6 curieuses figures, gravés, non signés.

Exemplaire non rogné.

272. **DORAT. Les Baisers**, précédés du Mois de Mai. *A La Haye, et se trouve à Paris, chez Delalain*, 1770 ; gr. in-8 de 119 pp., mar. citron, dos orné de motifs de fleurs, volutes de feuillage, petites rosaces et étoiles, pet. dent. fleurdelisée, 3 fil. sur les plats et motifs de fleurs aux angles, doubl. et gardes de papier peint étoilé, tr. dor. (*Rel. de l'époque*).

Edition illustrée de 1 frontispice, 1 figure, 22 vignettes, 1 fleuron et 22 culs-de-lampe par *Eisen* et *Marillier*, gravés par *Ponce, de Longueil, Baquoy*, etc.

Exemplaire exceptionnel, imprimé sur grand papier de Hollande, avec le titre en rouge et noir, contenant à la suite des *Baisers* :

Les Bains de Diane, ou le Triomphe de l'Amour, poème (par Desfontaines). *Paris, Costard*, 1770 ; 123 pp. et 1 f. non chiff. pour le privilège. — Orné de 1 très beau titre gravé et 3 figures par *Marillier*, gravés par *De Ghendt, Massard, Ponce* et *Voyez*. — Exemplaire en grand papier de Hollande.

Très fraîche reliure de l'époque en maroquin. — Rarissime en cette condition.

273. **Dorat.** Les Dévirgineurs et Combabus, contes en vers, précédés par des Réflexions sur le Conte, et suivis de Floricourt, histoire françoise. *A Amsterdam* (*Paris*), 1765 ; 1 figure, 1 vignette et 1 cul-de-lampe par *Eisen* (le mot Dévirgineurs est caché par un papillon portant : « Les Trois Frères ». — Premier tirage. — Irza et Marsis, ou l'Isle merveilleuse, poème en deux chants, traduit du grec, suivi d'Alphonse, conte. Seconde édition. *A La Haye, et Paris, Delalain*, 1769 ; 1 frontispice, 3 figures, 2 vignettes et 2 culs-de-lampe par *Eisen*, gravés par *De Ghendt, de Longueil* et *Massard*. — Ens. 2 ouv. en 1 vol. in-8, veau marb., dos orné du fer à l'oiseau, 2 fil. sur les plats avec fleuron à l'oiseau aux angles, dent. int., tr. dor. (*Pagnant*).

274. **Dorat.** Fables nouvelles (par M. Dorat). *A La Haye, et se trouve à Paris, chez Delalain*, 1773 ; 2 tom. en 1 vol. gr. in-8, mar. citron, dos orné aux petits fers avec pièces de titre grenat foncé, comp. de 8 fil. sur les plats avec guirlande de fleurs et rubans formant torsade, dent. int., tr. dor. (*Petit*).

Un des plus jolis livres du XVIIIe siècle, illustré de 2 titres ornés par *Marillier*, gravés par *De Ghendt*, 1 figure par *Marillier*, gravée par *De Launay*, répétée au 2e volume, 1 fleuron, 99 vignettes et 99 culs-de-lampe par *Marillier*, gravés par *Arrivet, Baquoy, De Launay, Duflos, De Ghendt, de Longueil, Le Beau, Masquelier, Legrand*, etc.

Superbe exemplaire du premier tirage, sur papier de France, dans une belle reliure de Petit. (Le titre orné du tome II manque).

275. **Dorat.** Fables nouvelles. *A La Haye, et se trouve à Paris, chez Delalain*, 1773 ; 2 vol. in-8, veau éc., dos sans nerfs orné, fil., dent. int., tr. dor. (*Rel. de l'époque*).

Un des plus beaux livres illustrés par *Marillier*, son chef-d'œuvre, dit Cohen. — Il est illustré de 2 titres ornés, 1 grande figure répétée à chaque volume, 1 fleuron, 99 en-têtes et 99 culs-de-lampe, gravés par *Baquoy, De Launay, De Ghendt, Lingée, de Longueil, Masquelier, Née*, etc.
Bel exemplaire imprimé sur papier de France, mais rogné au format du papier ordinaire. (la seconde épreuve de la figure manque).

276. **Dorat.** Recueil de contes et de poèmes par M. D*** (Dorat), ci-devant mousquetaire. Troisième édition, augmentée de l'Hermitage de Beauvais. *La Haye, et Paris, Delalain*, 1770 ; in-8, bas. brune, dos orné. (*Rel. de l'époque*).

Edition ornée de 1 frontispice, 5 figures, 2 vignettes et 2 culs-de-lampe par *Eisen*.
On a relié à la suite : Dieu et les hommes, œuvre théologique, mais raisonnable, par le Docteur Obern. Traduit par Jacques Aimon. *A Berlin, Christian de Vos*, 1769 ; 264 pp. — Edition originale de ce célèbre ouvrage de Voltaire, à la fois critique et pamphlétaire. Il fut condamné, sur le réquisitoire de l'avocat-général Séguier, par arrêt du Parlement de Paris en date du 18 août 1770 et, par décret de la cour de Rome du 3 décembre de la même année, avec trois autres ouvrages, réunis sous le titre d'*Evangile du jour*.

277. **Dorat.** Recueil de contes et poèmes, par M. D*** (Dorat). *La Haye et Paris, Delalain*, 1776 ; in-8, demi-rel. mar. vert avec coins, dos orné, tête dor., *non rogné*.

Edition corrigée par l'auteur, de ce recueil de contes en vers, comprenant *Irza et Marsis, Alphonse, les Cerises, Sélim et Sélima*, etc. ; elle est augmentée du *Coureur alerte* ou de la *Moissonneuse*, et ornée d'un frontispice, 5 figures et 2 culs-de-lampe par *Eisen*, gravés par *de Longueil, Massard* et *De Ghendt*.
Ex-libris Robert Hoe.

278. **Dubuisson** (Paul-Ulrich). Le Tableau de la Volupté, ou les Quatre parties du jour, poème en vers libres, par M. D. B. *A Cythère, au Temple du Plaisir* (*Paris*), 1771 ; pet. in-8, mar. bleu clair, dos orné aux petits fers, fil. sur les plats, large dent. int., tr. dor. (*Cuzin*).

Edition originale, ornée de 1 frontispice, 4 figures, 4 vignettes et 4 culs-de-lampe par *Eisen*, gravés par *De Longueil*.
Un des plus charmants livres illustrés par Eisen.
Très belle reliure de Cuzin.

279. **ERASME. L'Eloge de la Folie**, traduit du latin d'Erasme par M. Gueudeville. Nouvelle édition revue et corrigée sur le texte de l'édition de Basle, ornée de nouvelles figures, avec des notes. *S. l.* (*Paris*), 1751 ; in-4, veau marb., dos sans nerfs orné, 3 fil. et fleurons aux angles sur les plats, tr. rouges. (*Rel. de l'époque*).

Premier tirage de cette édition ornée de 1 frontispice, 1 fleuron de titre, 1 vignette,

1 cul-de-lampe et 13 jolies figures hors texte, par *Eisen*, gravés par *Aliamet, Delafosse, Flipart, Legraud*, etc.

Un des rares exemplaires tirés sur grand papier, de format in-4, après réimposition du texte et renfermant le frontispice tiré dans un joli cadre ornementé, dessiné par *Eisen*, gravé par *Martinasie* sous la direction de *Le Bas*.

Jolie reliure de l'époque.

280. **Esope**. The Fables of Æsop, with a life of the author and embellished with one hundred and twelve plates. *London, printed for John Stockdale*, 1793 ; 2 vol. gr. in-8, mar. La Vallière clair, dos orné de fil. en losange et de motifs aux petits fers, 5 fil. dor. sur les plats, riche dent. int., tr. dor. (*Cuzin*).

Belle édition ornée de 112 compositions hors texte, gravées par *Bromley, Landseer, Audinet*, etc.

Superbe exemplaire relié sur brochure.

Ex-libris Robert Hoe.

281. **Etats Généraux tenus en 1789** ; représentés par figures allégoriques, accompagnées d'un précis des matières que l'on y a traitées, par M. David, graveur ord. de Monsieur Frère du Roi, membre de plusieurs Académies. *Paris, M. David*, 1789 ; gr. in-8, veau rac., dos orné sans nerfs d'étoiles et rosaces avec pièce de titre rouge, dent. dor. sur les plats, dent. int., tr. dor. (*Rel. de l'époque*).

Recueil composé de 1 titre gravé avec les lettres A. P. D. R. et 51 belles figures à l'aquatinte par *Janinet*, avec une notice imprimée de 4 pages accompagnant chaque planche.

Ce sont les mêmes planches que celles du recueil intitulé *Gravures historiques des principaux événements depuis l'ouverture des Etats Généraux de* 1789, publié par Janinet, en 1789-1791.

282. **Favart** (C.-S.). Les Nymphes de Diane, opéra-comique, représenté pour la première fois, le premier de juin 1747, sur le grand théâtre de Bruxelles, par les comédiens de S. A. S. Mgr le comte de Saxe... *S. l.*, (1748) ; in-8, mar. bleu, dos orné, large dentelle formée de fleurs de lis couronnées et comp. de fil. sur les plats, tr. dor. (*Rel. de l'époque*).

Edition originale, ornée de 2 vignettes par *Boucher*, dont une sur le titre gravée par *Chedel*, représentant des amours jouant avec des armes et cette devise *Ludunt in armis*, et une en tête de la pièce, 1 frontispice par *Cochin*, gravé par *Chede*, et 1 cul-de-lampe par *Krafft*. Le frontispice a été exécuté par *Cochin* sur un dessin de *Boucher*. A la suite du texte se trouvent 40 pages de musique.

Superbe exemplaire réglé dans une jolie reliure de l'époque, de toute fraîcheur.

Ex-libris Robert Hoe.

283. **Fénelon**. Les Avantures de Télémaque, fils d'Ulysse, par feu messire François de Salignac de la Motte-Fénelon... Première édition conforme au manuscrit original. *A Paris, chez Florentin*

Delaulne, 1717 ; 2 vol. in-12, mar. rouge, dos orné aux petits fers fil. sur les plats, large dent. int., tr. dor. (*Trautz-Bauzonnet*).

PREMIÈRE ÉDITION CONFORME AU MANUSCRIT ORIGINAL, donnée par le marquis de Fénelon, neveu de l'illustre prélat. Elle est imprimée en gros caractères et ornée de 2 frontispices, 1 en-tête, 1 carte des voyages de Télémaque, repliée, et 24 figures par *Bonnart*, gravés par *Giffard*.

Superbe exemplaire auquel on a ajouté, à la fin du tome 3e le feuillet de privilège, daté du 7 avril, de l'édition en petites lettres, parue en un seul volume, dans une jolie reliure de Trautz-Bauzonnet.

284. **Fénelon.** Les Aventures de Télémaque, fils d'Ulysse, par feu messire François de Salignac, de La Mothe Fenelon... Nouvelle édition conforme au manuscrit original, et enrichie de figures en taille-douce. *Amsterdam, Wetstein et Smith*, 1734 ; in-4, mar. rouge, dos orné de motifs de fleurs, rosaces et feuillage, fil. dor. sur les plats, dent. int., tr. dor. (*Rel. de l'époque*).

Belle édition ornée de 1 frontispice par *Bernard Picard*, gravé par *Folkema*, 1 fleuron sur le titre par L. F. D. P. (*Dubourg*), gravé par *Tanjé*, 1 portrait de Fénelon par *Vivien*, gravé par *Drevet*, 24 figures par *Debric*, *Dubourg* et *Picart*, gravées par *Bernards*, *Folkema*, *V. Gunst* et *Suruques*, 24 vignettes par *Dubourg*, gravées par *Duflos*, *Folkema* et *Tanjé* et 21 culs-de-lampe par *Debris* et *Dubourg*, gravés par *Duflos* et *Schenk*.

Exemplaire contenant de belles épreuves des figures, dans une jolie reliure de l'époque, très fraîche.

285. **FÉNELON. Les Aventures de Télémaque**, par Fénelon. (*Paris*), *de l'imprimerie de Monsieur*, 1785 ; 2 vol. gr. in-4, papier vélin, mar. rouge à long grain, dos sans nerfs orné de fil. superposés et de lyres, large encad. à la grecque sur les plats, avec fil., dentelles et rosaces, dent. int., tr. dor. (*Rel. de l'époque*).

Superbe édition imprimée sur papier vélin, ornée, sur les titres des armes de Monsieur (le Comte d'Artois), gravées sur bois d'après Choffard.

Bel exemplaire dans lequel on a inséré la suite des figures de *Monnet* et *Tilliard*, comprenant 1 titre frontispice gravé, par Montulay portant « *Les Aventures de Télémaque, fils d'Ulysse, gravées d'après les desseins* (sic) *de Charles Monnet, peintre du Roy par Jean-Baptiste Tilliard. Paris, chez l'auteur*, 1773, 72 figures gravées par *Tilliard* d'après *Ch. Monnet*, et 24 planches, également gravées, contenant les sommaires des chapitres et ornées de vignettes.

Très jolie reliure de BRADEL-DEROME ornée à l'antique.

286. **Fénelon.** Les Aventures de Télémaque, fils d'Ulysse, par François Salignac de la Mothe Fénelon. *A Paris, de l'Imprimerie de P. Didot l'ainé*, 1796 ; 4 vol. in-18, mar. bleu, dos orné aux petits fers, fil. dor., dent. int., tr. dor. (*Chambolle-Duru*).

Jolie édition ornée de 1 portrait de Fénelon par *Vivien*, gravé par *Gaucher*, et de 24 charmantes figures par *Quéverdo*, gravées par *Dambrun*, *Delignon*, *de Launay*, *Gaucher* et *Villerey*.

Très bel exemplaire imprimé sur PAPIER VÉLIN, contenant les figures AVANT LA LETTRE, dans une jolie reliure de Chambolle-Duru.

287. **Figures de l'Histoire de France**, dessinées par Moreau le jeune, Lépicié et Monnet, gravées sous la direction de Le Bas, avec des explications par l'abbé Garnier. *Paris, Moreau le jeune*, 1785 ; 3 vol. in-4, texte gravé, cart. de l'époque.

Recueil composé de 1 frontispice et 167 figures à mi-page, avec texte gravé au bas, ainsi réparties : 115 compositions de *Moreau* (éd. Le Bas, 1779), 29 figures de *Lépicié* et *Monnet* (même édition) et 23 figures de *Moreau* (éd. Moreau, 1785).

288. **Florian.** Gonzalve de Cordoue, ou Grenade reconquise, par M. de Florian... Seconde édition. *A Paris, de l'imp. de Didot l'aîné*, 1792 ; 3 vol. pet. in-12, mar. rouge à long grain, dos et plats ornés de fil. dor., pet. dent. int., tr. dor. (*Rel. de l'époque*).

Jolie édition ornée de 14 figures par *Queverdo*, gravées par *Delignon, Hubert, Ingouf, Gaucher*, etc. — Charmant exemplaire.

289. **Florian.** MÉLANGES de poésie et de littérature. *Paris, Didot l'aîné*, 1787 ; 6 charmantes figures par *Queverdo*, gravées par *Dambrun, Delignon* et *de Longueil* (sans le frontispice). — GONZALVE DE CORDOUE, ou Grenade reconquise. Seconde édition. *Ibid., id.*, 1792 ; 3 vol., 14 figures par *Queverdo*, gravées par *Delignon, Gaucher, Hubert, Dambrun et Ingouf*. — NOUVELLES NOUVELLES. *Ibid., id.*, 1792 ; 6 figures par *Queverdo*, gravées par *Gaucher, Dambrun* et *de Longueil*. — Ens. 5 vol. in-18, veau rac., dos sans nerfs orné. (*Rel. de l'époque*).

290. **Florian.** Les six nouvelles de M. de Florian, capitaine de dragons et gentilhomme de S. A. S. Mgr le duc de Penthièvre... *A Paris, de l'impr. de Didot l'aîné*, 1784 ; pet. in-12, mar. rouge, dos sans nerf orné avec pièce de titre verte, fil. dor., dent. int., tr. dor. (*Rel. de l'époque*).

Edition ornée de 1 frontispice par *Pernotin*, gravé par *Guyard* (les 6 figures de Queverdo manquent).
Jolie reliure de DEROME, de toute fraîcheur.

291. **Florian.** ESTELLE, roman pastoral. Seconde édition. *Paris, imprimerie de Monsieur*, 1788 ; 6 figures par *Queverdo*, gravées par *Dambrun, Delignon* et *de Longueil*. — THÉATRE ITALIEN. *Paris, Didot l'aîné*, 1784 ; 2 vol. (sur 3), exemplaire sans figures. — NUMA POMPILIUS, second roi de Rome. Seconde édition. *Ib.*, 1786 ; 2 vol. 1 frontispice et 12 charmantes figures par *Queverdo*, gravées par *Dambrun*. — Ens. 5 vol. in-18, veau écaille, dos orné, fil. sur les plats, dent. int., tr. dor. (*Rel. de l'époque*).

292. **Fromageot** (l'abbé). Annales du règne de Marie-Thérèse, Impératrice douairière, Reine de Hongrie et de Bohême, Archiduchesse d'Autriche, etc. Dédiées à la Reine, par M. Fromageot... *A Paris, chez Prault, et chez l'auteur*, 1775; in-8, mar. bleu, dos orné aux petits fers, fil. sur les plats, dent. int., tr. dor. sur marb. (*Chambolle-Duru*).

PREMIER TIRAGE. — Superbe livre, l'un des plus réussis de Moreau, orné de 1 portrait de Marie-Thérèse, gravé par *Cathelin*, d'après *Ducreux*, 2 portraits en médaillon, gravés d'après *Moreau* par *Gaucher*, dont l'un en tête de la dédicace gravée et 4 figures par *Moreau*, gravées par *Duclos de Launay*, *Prévost* et *Simonet*.
Très jolie reliure de Chambolle Duru.

293. **Germain** (Pierre). Eléments d'orfèvrerie divisés en deux parties de cinquante feuilles chacune, composés par Pierre Germain (II, dit le Romain), marchand orfèvre joaillier à Paris. *Se vendent à Paris, chez l'Auteur, place du Carousel, et à l'orfèvrerie*, 1748; 2 part. en un vol. in-4, veau brun, dos orné, tr. rouges. (*Rel. de l'époque*).

Recueil précieux pour l'histoire de l'argenterie au XVIIIe siècle, contenant 100 planches d'orfèvrerie et d'argenterie représentant des calices, urnes, aiguières, flambeaux, etc., dessinées par *Germain* et *Roettiers*, gravées par *Baquoy* et *Pasquier*.

294. **GESSNER** (Salomon). **Mort d'Abel**, poème de Gessner, traduit par Hubert. Edition ornée d'estampes imprimées en couleurs, d'après les dessins de M. Monsiau, peintre de l'Académie. *A Paris, chez Defer de Maisonneuve*, 1793; gr. in-4, mar. vert, dos orné d'amphores, fleurs et rosaces, comp. de dent. sur les plats, dent. int., tr. dor. (*Rel. de l'époque*).

PREMIER TIRAGE. — Edition recherchée pour les 6 belles estampes par *Monsiau*, gravées par *Colibert*, *Cosenave et Clément*, qu'elle renferme. — Ces 6 estampes, qui comprennent 1 portrait-frontispice et 5 grands sujets, sont *imprimées en couleurs*, sans aucune légende.
Superbe exemplaire sur papier vélin contenant les gravures AVANT LES NUMÉROS, dans une très jolie reliure de l'époque ornée à l'antique.

295. **Gessner** (Salomon). Œuvres de Salomon Gessner. *Paris, Ant.-Aug. Renouard*, an VII-1799; 4 vol. in-8, veau rac., dos sans nerfs orné de lyres, fleurons et rosaces dor., avec pièces de titre vertes, pet. dent. dor. sur les plats, dent. int., tr. dor. (*Rel. de l'époque*).

Jolie édition imprimée sur papier vélin, ornée de 3 portraits et 48 figures par *Moreau*, gravées par *Baquoy*, *Dambrun*, *Delvaux*, *Dupréel*, *Le Mire*, *Girardet*, etc.
Jolie reliure ornée *à la lyre*.
Une figure un peu plus courte au tome III; petite tache dans la marge de fond des 3 premières figures du tome II.

296. **GOYA Y LUCIENTES** (Francisco). **Caprices**, dessinés et gravés à l'eau-forte par Goya. (*Madrid*, vers 1799); gr. in-4, veau marb.,

dos orné avec pièce de titre verte, dentelle sur les plats, tr. jasp. (*Rel. de l'époque*).

PREMIÈRE ÉDITION des *Caprices*, contenant 80 compositions satiriques et, en particulier, les portraits charges du roi Charles IV d'Espagne, de la reine et des grands personnages de la cour.

Bel exemplaire très grand de marges, *composé d'épreuves du 2e état*, sauf une (no 21) qui est au premier état. De toute rareté.

297. **Goya y Lucientes** (Francisco). Nouveaux Caprices de Goya. Suite de trente-huit dessins inédits publiés avec une introduction de Paul Lafond. *Paris, Société de propagation des Livres d'art*, 1907 ; in-4, cart. de l'éditeur, *non rog*.

Suite de 33 planches, reproductions de dessins de Goya, au crayon noir ou au lavis d'encre de Chine.

298. **GOYA Y LUCIENTES** (Francisco). [**Treinta y tres estampas** que representan diferentes suertes y actitudes del arte de lidiar los Toros, inventados y grabadas al agua fuerte en Madrid por Don Francisco de Goya y Lucientes]. *S. l. n. d.* (*Madrid*, vers 1815) ; in-4 oblong, mar. rouge jans., large dent. int., tr. dor. (*Chambolle-Duru*).

PREMIER TIRAGE, RARISSIME, des 33 planches de la *Tauromachie* composées et gravées par Goya vers 1815 (avec cette date gravée aux pl. 19, 28 et 31).

Superbe exemplaire à toutes marges (sans le titre ni la table), dans une jolie reliure de Chambolle-Duru. — Petites taches à quelques planches.

299. **Goya y Lucientes** (Francisco). [Los Desastros de la Guerra, coleccion de ochenta laminas inventadas y grabadas al agua fuerte por Don Francisco Goya]. *S. l. n. d.* (*Madrid*, 1892) ; in-4 oblong, cart. bradel demi-perc. rouge foncé, non rog.

Suite complète des 80 eaux-fortes de Goya, connues sous le nom de *Malheurs de la Guerre*.

Bel exemplaire du SECOND TIRAGE.

300. **Graffigny** (Mme de). Lettres d'une Péruvienne. Nouvelle édition augmentée de plusieurs lettres et d'une introduction à l'histoire. *Paris, Duchesne*, 1754 ; 2 part. en 1 vol. in-12, bas. brune, dos orné. (*Rel. de l'époque, usagée*).

Edition ornée de 2 titres gravés, 2 figures et 2 vignettes par *Eisen*, gravé par *Delafosse*.

301. **Graffigny** (Mme de). Lettres d'une Péruvienne. Nouvelle édition, augmentée de plusieurs lettres et d'une introduction à l'Histoire. *A Paris, chez Duchesne*, 1761 ; 2 vol. in-12, mar. rouge jans., dent. int., tr. dor. (*Capé*).

Edition ornée de 2 jolis titres gravés, non signés, 2 charmantes figures et 1 vignette par *Eisen*, gravées par *Delafosse*.

Très bel exemplaire, dans une jolie reliure de Capé.

302. **Graffigny** (Mme de). Lettres d'une Péruvienne, par Mme de Graffigny, traduites du français en italien par M. Deodati [avec le texte en regard]. Edition ornée du portrait de l'auteur gravé par M. Gaucher et de six gravures exécutées par les meilleurs artistes, d'après les dessins de M. Le Barbier l'aîné. *A Paris, chez l'éditeur, de l'impr. de Migneret*, 1797 ; gr. in-8, bas. rac., dos orné d'amphores, rosaces et dent. (*Rel. anc.*).

Edition ornée du portrait de l'auteur, gravé par *Gaucher* d'après *La Tour*, et de 6 belles figures par *Le Barbier*, gravées par *Choffard*, *Halbou*, *Ingouf*, *Patas*, *Gaucher* et *Lingée*.

303. **Graffigny** (Mme de). Lettres d'une Péruvienne. Nouvelle édition augmentée d'une suite qui n'a point encore été imprimée. *A Paris, de l'impr. de P. Didot l'aîné*, 1797 ; 2 vol. pet. in-12, mar. bleu, dos orné aux petits fers, fil. dor. sur les plats, dent. int., tr. dor. (*Trautz-Bauzonnet*).

Jolie édition ornée de 1 portrait gravé par *De Launay* et de 8 charmantes figures par *Lefèvre*, gravées par *Coiny*.
Un des 100 exemplaires imprimés sur GRAND PAPIER VÉLIN, contenant les gravures AVANT LA LETTRE et auquel on a ajouté les 8 figures à l'état D'EAU-FORTE PURE ; ces 8 pièces sont un peu plus courtes de marges et la première est remargée.
Jolie reliure de Trautz Bauzonnet.

304. **Gravelot** et **Cochin**. Iconologie par figures, ou Traité complet des Allégories, Emblèmes, etc. Ouvrage utile aux artistes, aux amateurs, et peuvent (*sic*) servir à l'éducation des jeunes personnes par MM. Gravelot et Cochin. *Paris, Lattré, s. d.* ; 4 vol. in-8, veau rac., dos sans nerfs avec pièces de titre vertes, bord. dor. encadrant les plats, dent. int., tr. dor. (*Rel. de l'époque*).

Edition ornée de 1 portrait de Gravelot d'après *La Tour*, gravé par *Gaucher*, 1 frontispice contenant le portrait de Cochin par *Monnet*, gravé par *Gaucher*. 4 titres gravés par *Choffard*, *De Ghendt* et *Legrand*, et 202 figures (la première forme un titre-frontispice supplémentaire par *Gravelot*, gravé par *Le Mire*). Ensemble 208 planches.
Très bel exemplaire imprimé sur GRAND PAPIER.

305. **GRAVURES HISTORIQUES** des principaux événements depuis l'ouverture des Etats-Généraux.... (*Paris, Janinet* ; *Cussac*, 1789-17590) ; 4 estampes en 1 vol. in-4, veau marb., dos orné, fil. sur les plats, tête rouge, non rog. (*Rel. mod.*).

COLLECTION TRÈS RARE, qui rivalise, au point de vue artistique, avec les *Tableaux de la Révolution*.
Elle comprend 53 estampes gravées à l'aquatinte par *Janinet* et coloriées avec une grande perfection.
Maurice Tourneux (Bibliogr. de l'Hist. de Paris pendant la Révol., n° 288), indique que cette suite se compose de 51 sujets, qu'il décrit minutieusement : elle en comporte, en réalité, 53. Les deux sujets restés inconnus à Tourneux sont ceux du 15 *juillet* 1790

(Louis XVI sortant de l'Assemblée Nationale...) et du 5 *mars* 1791 (Révolte du régiment du Port-au-Prince....).

Cet exemplaire, *plus complet qu'aucun de ceux connus jusqu'ici*, renferme, en outre, *une planche refusée* pour l'évènement du 12 juillet 1789 (le prince de Lambesc entrant aux Tuileries), sujet différent de celui que comporte la suite. Il contient les 4 pages d'une couverture de livraison portant le n° XXIV. — Quatre des estampes sont remargées.

306. **Hamilton** (Ant.). Mémoires du comte de Grammont, par le C. Antoine Hamilton. *S. l.*, 1749 ; 2 vol. — Les Quatre Facardins, conte. *S. l.*, 1749 ; 1 vol. — Histoire de Fleur d'Epine, conte. *S. l.*, 1749 ; 1 vol. — Le Bélier, conte. *S. l.*, 1749 ; 1 vol. — Ens. 5 vol. pet. in-12, fleuron de titre et en-tête par *De Sève* grav. par *Sornique* ou non sign. à chaque vol., mar. orange, dos orné aux petits fers et à l'oiseau, fil. dor., dent. int., tr. dor. (*Hardy-Mennil*).

Charmants exemplaires, dans de jolies reliures de Hardy-Mennil.
Ex-libris Robert Hoe.

307. **Hancarville** (Hugues, dit d'). Antiquités étrusques, grecques et romaines gravées par F.-A. David, avec toutes leurs explications par d'Hancarville. *Paris, chez l'auteur*, 1785-1788 ; 5 vol. in-4, veau rac., dos orné de motifs de fleurs, avec pièces de titre rouges et vertes, fil. sur les plats, dent. int., tr. dor. (*Rel. de l'époque*).

Beau recueil orné d'un frontispice à la date de 1785, répété à chaque volume, et 361 planches par *David*.
Exemplaire contenant les figures *coloriées*.

308. **Helman.** Faits mémorables des Empereurs de la Chine, tirés des Annales chinoises, dédiés à Madame, ornés de 24 estampes gravées par Helman, d'après les dessins originaux de la Chine, tirés du Cabinet de M. Bertin à Paris. *A Paris, chez l'auteur, s. d.* (1788). — Abrégé historique des principaux traits de la vie de Confucius célèbre philosophe chinois, orné de 24 estampes gravées par Helman, d'après des dessins originaux de la Chine envoyés à Paris par M. Amiot, missionnaire à Pékin... *Paris, chez l'auteur, s. d.* (1788). — Ens. 2 ouv. en 1 vol. in-4, mar. rouge, dos à 4 nerfs orné d'entrelacs de fil. droits et courbes, larges compart. de fil. courbes et dentelles entrelacés, doublé de mar. vert, avec sujets en mosaïque de mar. rouge, vert, grenat, citron, orange, sertie or, représentant, l'un un mandarin chinois accompagné de son serviteur, l'autre, un dragon, gardes de moire citron, tr. dor. et ciselées. (*N. Boyer, London*).

Réunion des deux ouvrages de Helman, entièrement gravés, comprenant chacun un titre frontispice, 24 ff. de texte et 24 grandes figures gravées par *Helman* ; ensemble 2 frontispices (une vignette de *Monet* pour le premier ouvrage) et 48 compositions de *Helman*, gravées par *Augustin de Saint-Aubin, Choffard, Le Bas, Prévost*, etc.
Très bel exemplaire dans une superbe reliure de style oriental doublée et mosaïquée de Boyer, de Londres.
Ex-libris Robert Hoo.

309. **Hénault** (Le Président). Nouvel abrégé chronologique de l'Histoire de France, contenant les événemens de notre histoire depuis Clovis jusqu'à la mort de Louis XIV, les guerres, les batailles, les sièges, etc., nos lois, nos mœurs, nos usages, etc. Nouvelle édition augmentée et ornée de vignettes et fleurons en taille-douce. *Paris, Prault*, 1768 ; 2 vol. gr. in-4, mar. rouge, dos orné de motifs de fleurs, feuillage, étoiles, avec pièces de titre vertes, fil. sur les plats et rosaces aux angles, dent. int., tr. dor. (*Rel. anc.*).

Edition ornée de 1 fleuron sur le titre, 1 charmant portrait en médaillon de la reine Marie Leckzinska, par *Nattier* gravé par *Gaucher*, en tête de la dédicace gravée, 3 vignettes par *Cochin*, gravées par *Moreau*, 3 lettres ornées par *Chedel*, 30 culs-de-lampe par *Moreau*, 1 grand cul de lampe à la fin du règne de Louis XIV, occupant toute la page.

Très bel exemplaire sur GRAND PAPIER DE HOLLANDE, dans une superbe reliure de DEROME.

Ex libris gravé du XVIIIe siècle à chaque volume.

310. **Hurtado de Mendoza**. Aventures et espiègleries de Lazarille de Tormès écrites par lui-même. Nouvelle édition ornée de quarante figures dessinées et gravées par N. Ransonnette. *A Paris, de l'imprimerie de Didot jeune*, an IX-1801 ; 2 vol. in-8, veau rac., dos sans nerfs orné avec pièce de titre rouge, dent. sur les plats. (*Rel. de l'époque*).

PREMIER TIRAGE. — Edition ornée de 40 curieuses figures dessinées et gravées par *Ransonnette*.

Exemplaire contenant les figures *avant la lettre*.

311. **Iconographie**, ou Vies des hommes illustres du XVIIe siècle écrites par M. V***, avec les portraits peints par le fameux Antoine Van Dyck et gravées sous sa direction. *A Amsterdam et à Leipzig, chez Arkstée et Merkus*, 1759 ; 2 vol. in-folio, mar. rouge foncé, dos orné, fil. sur les plats, dent. int., tr. dor. (*Rel. de l'époque*).

Edition la plus complète de ce beau recueil, contenant 2 élégants fleurons sur les titres et 125 très beaux portraits, dont plusieurs repliés, d'après *Van Dyck*, gravées par *P. Clouet, Pontius, P. de Jode, Bolswert, Vorsterman, P. du Pont, etc.*, accompagnés chacun d'un feuillet de notice biographique.

Jolie reliure de DEROME.

312. **Imbert** (Barth.). Le Jugement de Pâris, poème en IV chants. *Amsterdam*, (*Paris*), 1772 ; titre dessiné et gravé par Moreau, 4 figures par *Moreau*, gravées par *Duclos*, *Née*, *De Launay*, et 4 vignettes en-tête par *Choffard*. — Historiettes ou nouvelles en vers, par M. Imbert. *A Amsterdam*, (*Paris*), 1774 ; 1 titre dessiné et gravé

par *Moreau*, 1 jolie figure par *Moreau*, gravée par *Née*, et 4 charmants en-têtes par *Moreau*, gravés par *Née* et *Masquelier*. — Ens. 2 ouv. en 1 vol. in-8, veau marb., dos orné avec pièces de titre vertes, 3 fil. sur les plats, tr. marb. (*Rel. anc.*, *un peu usagée*).

PREMIER TIRAGE, contenant de belles épreuves des illustrations. de ces jolis livres — Excellent état intérieur.

313. **Imbert** (Barth.). Les Egaremens de l'Amour, ou Lettres de Fanéli et de Milfort. Par M. Imbert. *Amsterdam, et se trouve à Paris, chez Delalain*, 1776 ; 2 tom. en 1 vol. in-8, mar. rouge, dos orné aux petits fers, fil. sur les plats, dent. int., tr. dor. (*Bedford*).

EDITION ORIGINALE, ornée de 2 jolies figures par *Moreau*, gravées par *Martini*, avant la lettre, avec noms des artistes à la pointe.

SUPERBE EXEMPLAIRE EN GRAND PAPIER, très grand de marges, dans une jolie reliure de Bedford.

Ex-libris Robert Hoe.

314. [**Imbert** (Barth.)]. Les Bienfaits du Sommeil, ou les Quatre rêves accomplis (attribué à Imbert). *A Paris, chez Brunet, s. d.* (1776) ; pet. in-8, demi-rel. mar. grenat avec coins, dos orné, tr. dor. (*Hardy*).

Cet opuscule est une apologie de la rentrée du comte de Maurepas aux affaires. Il est orné d'un titre frontispice et de 4 jolies figures par *Moreau*, gravés par *De Launay*.

A la suite : Les Styles, poème en 4 chants (par l'abbé Ant. de Cournand). *Paris. Ve Duchesne* (1781) ; XXXIV-164 pp. ; charmant frontispice gravé par *J.-B. Bradel*.

314 *bis*. **La Borde** (de). Suite complète de 1 titre, 1 feuillet de dédicace, avec les armes de la reine Marie-Antoinette, et 25 figures, dessinés par J.-M. Moreau, gravés par J.-M. Moreau et Masquelier, illustrant le tome 1er des *Chansons de M. de La Borde*, édition de 1773 ; gr. in-8, monté sur onglets, mar. rouge, dos orné aux petits fers et au pointillé, avec fleuron à l'oiseau, fil. sur les plats, jolie dent. int., style XVIIIe siècle, tr. dor. (*Chambolle-Duru*).

TRÈS BONNES ÉPREUVES ANCIENNES, avec bonnes marges, lavées et encollées, dans une belle reliure de Chambolle.

315. [**La Fayette** (Marie-Madeleine PIOCHE DE LA VERGNE, COMTESSE DE)]. La Princesse de Clèves, ou les amours du duc de Nemours avec cette Princesse. *A Amsterdam, chez David Mortier*, 1714 ; 4 part. en 1 vol. pet. in-12 de 394 pp., y compris le front. gravé, mar. rouge, dos orné aux petits fers, fil. sur les plats, dent. int., tr. dor. (*Brany*).

Edition très rare, avec titre en rouge et noir, orné d'une vignette représentant la statue d'Erasme, et un charmant frontispice de *Bernard Picart*.

Très bel exemplaire grand de marges dans une jolie reliure de Brany.

Ex-libris Robert Hoe.

316. **La Fontaine.** Fables de La Fontaine, avec figures gravées par MM. Simon et Coiny. *Paris, Bossange, Masson et Besson*, an IV (1796) ; 6 vol. pet. in-12, mar. rouge à long grain, dos sans nerfs orné de motifs de fleurs et feuillage et au pointillé, comp. de fil. et dentelles sur les plats, doubl. et gardes de moire bleue, dent. int., tr. dor. (*Bozérian*).

Edition illustrée de 276 charmantes figures, dont un frontispice, gravées par *Simon* et *Coiny*, d'après *Vivier*.

Superbe exemplaire imprimé sur PAPIER VÉLIN, dans une ravissante reliure de BOZÉRIAN.

317. **LA FONTAINE. Contes et Nouvelles en vers**, par M. de La Fontaine. *A Amsterdam* (*Paris*), 1762 ; 2 vol. in-8, mar. rouge, dos orné avec pièces de titre vertes, large et riche dent. aux petits fers encadrant les plats, doubl. et gardes de papier semé d'étoiles d'or, dent. int., tr. dor. et ciselées. (*Rel. de l'époque*).

PREMIER TIRAGE de l'édition des *Fermiers Généraux*, ornée du portrait de La Fontaine, d'après *H. Rigault*, de celui d'Eisen, d'après *Vispré*, tous deux gravés par *Ficquet*, de 80 figures dessinées par *Eisen*, de 4 vignettes et 53 culs de lampe par *Choffard*.

Très bel exemplaire renfermant de brillantes épreuves des illustrations ; le portrait de Choffard est avant les contre-tailles. On y a inséré une épreuve découverte du *Cas de conscience* et du *Diable de Papefiguière* (ces deux figures sont remontées).

Il est recouvert d'une superbe reliure à larges dentelles aux petits fers, exécutée par DOUCEUR, d'une fraîcheur remarquable. (Léger grattage sur le titre de chaque volume) ; l'exemplaire a été lavé).

318. **LA FONTAINE. Figures des Contes** de La Fontaine, in-quarto, tirées sur papier vélin, destinées à orner l'édition des Contes en deux volumes in-4°, imprimés par P. Didot l'aîné. (*Paris, Didot*. 1795) ; gr. in-4, mar. rouge jans., comp. de fil. à l'int., *non rog.*, *couv. de livraison conservée*. (*R. Kieffer*).

Suite bien complète des 20 figures seules terminées des illustrations dessinées par *Fragonard, Monnet* et *Touzé*, gravées par *Delignon, Tilliard, Dambrun, Trière, Lingée, Aliamet, Patas, Halbou, Dupréel, Simonet*, pour l'édition des contes de La Fontaine, publiée par Didot en 1795.

TRÈS BELLES ÉPREUVES AVANT LA LETTRE A TOUTES MARGES, AVEC LA COUVERTURE DE LIVRAISON ; la 3° figure de *Joconde* est AVANT TOUTE LETTRE.

319. **La Fontaine.** Les Amours de Psyché et de Cupidon, avec le poème d'Adonis. Edition ornée de figures dessinées par Moreau le jeune et gravées sous sa direction. *A Paris, de l'imprimerie de Didot le jeune*, an III (1795) ; in-4, pap. vélin, mar. rouge, dos orné d'amphores, vases antiques, cornes d'abondance, etc., avec pièce de titre verte, comp. de fil. droits et courbes et dentelles sur les plats, doubl. et gardes de moire bleue, dent. int., tr. dor. (*Rel. de l'époque*).

PREMIER TIRAGE de cette remarquable édition, illustrée d'un portrait de La Fontaine gravé par *Audouin*, d'après *H. Rigault*, et de 8 belles figures par *Moreau*, gravées par *Simonet, Duhamel, De Ghendt, Halbou, Dambrun*, etc.

Très bel exemplaire dans une superbe reliure de BRADEL-DEROME.

320. **La Fontaine.** Les Amours de Psyché et de Cupidon, avec le poème d'Adonis. Edition ornée de figures dessinées par Moreau le jeune, et gravées sous sa direction. *A Paris, chez Saugrain et Didot*, an v-1797 ; 2 vol. in-12, mar. citron, dos orné aux petits fers, comp. de fil. et dentelles avec angles ornés de feuillage et carquois, sur les plats, large dent. int., tête dor., non rog. (*Club Bindery*).

Très jolie édition, ornée de 1 portrait de La Fontaine par *Rigault* et 8 charmantes figures par *Moreau*, gravés par *Delvaux*.

Exemplaire imprimé sur PAPIER VÉLIN, contenant les gravures avec la lettre en double épreuve, et auquel on a ajouté : 1° la suite de 1 portrait (sur Chine monté) et 5 figures par *Desenne*, gravées par *Chasselat*, épreuves avant toute lettre, sur papier vélin ; 2° 2 portraits de La Fontaine, dont celui gravé par *Delvaux* en 1780.

Très bel exemplaire non rogné, dans une jolie reliure du Club Bindery.

321. **La Fontaine.** Les Amours de Psyché et de Cupidon, avec le poème d'Adonis. Edition ornée de figures dessinées par Moreau le jeune, et gravées sous sa direction. *Paris, chez Saugrain et Didot*, an v-1797 ; 2 vol. pet. in-12, veau gran., dos sans nerfs orné de rosaces avec pièces de titre vertes, dent. sur les plats. (*Rel. de l'époque*).

Jolie édition ornée de 1 portrait par *Rigault*, gravé par *Delvaux*, et de 8 charmantes figures de *Moreau*, gravées par *Delvaux*, hors texte.

Exemplaire sur papier vélin, provenant de la bibliothèque du Comte P.-L. Rœderer, avec son ex-libris. (Petites mouillures dans la marge de 2 ou 3 ff., notamment au portrait).

322. [**La Morlière** (ROCHETTE DE)]. Angola, histoire indienne. Ouvrage sans vraisemblance. Nouvelle édition, revue et corrigée. *A Agra, avec privilège du Grand-Mogol*, 1751 ; 2 part. en 1 vol. in-18, mar. bleu, dos orné aux petits fers, 3 fil. sur les plats avec fleurons aux angles, large dent. int., tr. dor. (*Cuzin*).

PREMIER TIRAGE. — Edition recherchée de ce roman galant, ornée de 2 titres avec vignette, 2 en-têtes et 5 figures hors texte, par *Eisen*, gravés par *Tardieu*, *Aveline* et *Maisonneuve*.

Bel exemplaire avec la vignette du carrosse et le fleuron de titre à chaque volume, qui ne se trouvent que dans la bonne édition.

Jolie reliure de Cuzin.

323. [**La Morlière** (ROCHETTE DE)]. Angola, histoire indienne. Ouvrage sans vraisemblance. Nouvelle édition revue et corrigée. *A Agra, avec privilège du Grand-Mogol*, 1770 ; 2 part. en 1 vol. pet. in-12, cart. bradel perc. crème gaufrée, *non rogné*.

Edition ornée de 4 jolies figures gravées par *Faure*.

Bel exemplaire entièrement non rogné.

324. **Langeac** (N. DE L'ESPINASSE, chevalier de). Colomb dans les fers, à Ferdinand et Isabelle, après la découverte de l'Amérique, épître qui a remporté le prix de l'Académie de Marseille, précédée

d'un précis historique sur Colomb. *A Londres, et se trouve à Paris, chez Jombert*, 1782 ; in-8, cart. bradel demi-mar. orange, tête dor.

Ce livre, devenu rare, est orné de 1 joli frontispice, 1 vignette et 1 cul-de-lampe, par *Marillier*, gravés par *De Launay jeune*.

325. **Laujon.** Les A-propos de Société, ou chansons de M. L***. *S. l.* (*Paris*), 1776 ; 2 vol. — Les A-propos de la Folie, ou chansons grotesques, grivoises et annonces de parade. *Id.*, 1776 ; 1 vol. — Ens. 3 vol. in-8, mar. rouge, dos orné, 3 fil. sur les plats avec fleurons aux angles, large dent. int., tr. dor. (*Capé*).

Premier tirage. — Joli recueil, avec musique notée, illustré de 3 titres frontispices, 3 figures, 3 vignettes et 3 culs-de-lampes par *Moreau*, gravés par *De Launay*, *Simonet*, *Duclos* et *Martini*.

Bel exemplaire dans une superbe reliure de Capé.

326. **Leclerc** (Séb.). Œuvres choisies de Sébastien Le Clerc, chevalier romain, dessinateur et graveur du cabinet du Roi... *Paris, Lamy*, 1784 ; in-4, demi-rel. mar. olive à long grain, dos orné de motifs losangés et de lampes antiques, fil. sur les plats, tr. dor. (*Rel. mod.*).

Ce recueil rare comprend 49 pages de texte, 1 planche de dédicace à Colbert d'Ormoy et 74 planches contenant 239 figures au trait ou ombrées, la plupart tirées en bistre. (Quelques petites taches).

326 *bis*. **Le Boulanger de Chalussay.** Elomire hypocondre, ou les medecins vengez. Comedie... *A Paris, chez Charles de Sercy*, 1670 ; in-12 de 4 ff. et 112 pp., mar. rouge, dos orné à petits fers, dent. int., tr. dor. (*Thibaron-Joly*).

Edition originale de cette satire contre Molière (Elomire est l'anagramme de Molière). Elle fut saisie à la requête de l'illustre auteur comique (Brunet mentionne une ou des figures qui ne se trouvent pas dans cet exemplaire).

Bel exemplaire grand de marges. — Haut. : 151 mill.

327. **Legouvé** (Gab.-Mar.-J.-B.). Le Mérite des femmes et autres poésies, par Gabriel Legouvé. *Paris, A.-A. Renouard*, 1813 ; in-12, mar. vert à long grain, dos orné de rosaces et fil., 2 fil. dor. et chiffre au centre, sur les plats, dent. int., tr. dor. (*Rel. de l'époque*).

Edition originale, ornée de 3 figures par *Moreau* et *Guérin*, gravées par *Simonet* et *De Ghendt*.

Très bel exemplaire imprimé sur papier vélin, dans une jolie reliure de l'époque. Le premier plat est orné de 2 L surmontées d'une couronne de fleurs.

328. **Le Sage** (A.-R.). Histoire de Gil Blas de Santillane, par M. Le Sage. Dernière édition revue et corrigée. *A Paris, par les Libraires Associés*, 1747 ; 4 vol. in-12, mar. bleu, dos orné aux petits fers, fil. sur les plats, large dent. int., tr. dor. (*Chambolle-Duru*).

Première édition complète et la dernière publiée du vivant de Le Sage. Elle est ornée de 32 figures non signées, gravées à l'eau-forte.

Très bel exemplaire du premier tirage, avec les remarques indiquées par Cohen, dans une jolie reliure de Chambolle.

329. **Le Sage** (A.-R.). Histoire de Gil Blas de Santillane. Nouvelle édition revue et corrigée. *A Paris, par les Libraires associés*, 1759 ; 5 vol. pet. in-12, mar. rouge, dos sans nerfs orné à la grotesque, fil. sur les plats, pet. dent. int., tr. dor. (*Rel. de l'époque*).

Edition ornée des 32 figures non signées, gravées à l'eau-forte de l'édition de 1747, retouchées.
Bel exemplaire relié par Pasdeloup.

330. **Le Sage** (A.-R.). Histoire de Gil Blas de Santillane. Edition ornée de figures en taille-douce, gravées par les meilleurs artistes de Paris. *De l'imprimerie de Didot jeune, à Paris, chez Janet et chez Hubert, graveur*, an III (1795) ; 4 vol. in-8, veau rac., dos sans nerfs orné de fleurons, rosaces et semis au pointillé, avec pièces de titre rouges et vertes, fil. et guirlande dor. encadrant les plats, tr. marb. (*Rel. de l'époque*).

Premier tirage. — Edition ornée de 100 charmantes figures par *Bornet, Duplessi-Bertaux* et *Charpentier*, gravées sous la direction de *Hubert*.

331. [**Levayer de Boutigny**]. Tarsis et Zélie. Nouvelle édition. *A Paris, chez Musier fils*, 1774 ; 3 vol. gr. in-8, cart. bradel vélin blanc, *non rog.* (*Rel. mod.*).

Premier tirage. — Edition ornée de 3 frontispices par *Cochin, Moreau* et *Eisen*, gravés par *Gaucher, Ponce* et *Née*, 3 fleurons de titre gravés par *Née*, et 20 vignettes par *Eisen*, gravées par *Helman, de Longueil, Masquelier, Massard, Née* et *Ponce*.
Très bel exemplaire en grand papier, entièrement non rogné, contenant les frontispices *avant la lettre*, ayant appartenu à M. Eugène Paillet.

332. **LONGUS. Les Amours pastorales de Daphnis et Chloé.** (Traduction d'Amyot). *S. l.*, M.DCCXVIII (*Paris, Quillau*, 1718) ; pet. in-8 de 6 ff. prélim. n. ch. et 164 pp., mar. rouge, dos orné de motifs au pointillé, comp. de fil. droits et cintrés et riches motifs au pointillé, avec pet. dent. et fleurons d'angle, sur les plats, dent. int., tr. dor. (*Rivière and son*).

Edition dite du *Régent*, tirée seulement à 250 exemplaires.
Elle est ornée d'un frontispice par *Coypel* et 28 figures dessinées par *Philippe d'Orléans*, gravés par *Audran*, 1 en-tête par *Scotin* et 6 lettres ornées. Ces illustrations sont ici en *premier tirage*.
Très bel exemplaire, recouvert d'une charmante reliure de Rivière, ornée d'une riche décoration, du plus pur style XVIIIe siècle. (La figure des Petits pieds ne se trouve pas dans cet exemplaire).

333. **Longus**. Les Amours Pastorales de Daphnis et Chloé. *S. l.*, 1751 ; pet. in-12 de 5 ff. prélim., 153 pp. et xx pp. de notes, mar. brun clair, dos orné, plats ornés d'encadrements formés de bandes et pièces de mar. bleu et rouge, avec semis de fleurs et fleurons dor.,

bouquets de fleurs en mosaïq. sertie or au centre, dent. int., doubl. et gardes de moire verte, tr. dor. (*Briotet*).

Jolie édition avec titre en rouge et noir, ornée de 1 fleuron gravé sur le titre (2 colombes se becquetant) et de 4 petites vignettes dans le genre faun·sq ie, une en têt : de chaque livre.

Bel exemplaire dans une jolie reliure mosaïquée de Briotet. (Petite tache à l'angle inférieur d'une dizaine de ff.).

Ex-libris Robert Hoe.

334. **Longus.** Les Amours pastorales de Daphnis et Chloé, traduites du grec de Longus, par Amyot. *A Paris, de l'impr. de P. Didot l'aîné*, 1800 ; in-4, mar. bleu foncé, dos orné aux petits fers, larges et riches dentelles aux petits fers, avec carquois aux angles, dent. int., tr. dor. (*Capé*).

Superbe édition ornée de 9 figures par *Prudhon* et *Gérard*, gravées par *Godefroy, Marais, Massard* et *Roger*.

Exemplaire imprimé sur PAPIER VÉLIN, contenant les figures AVANT LA LETTRE, dans une riche reliure de Capé, dans le style du XVIIIe siècle.

335. **Lucain.** La Pharsale de Lucain, traduite en françois par M. Marmontel, de l'Académie Françoise. *Paris, Merlin*, 1766 ; 2 vol. in-8, veau marb., dos orné avec pièces de titre rouges et vertes, tr. rouges. (*Rel. de l'époque*).

Edition ornée de 1 frontispice et 10 figures par *Gravelot*, gravés par *Duclos, De Ghendt, Le Mire, Née, Rousseau* et *Simonet*.

336. **Lucrèce.** Traduction nouvelle avec des notes, par M. L* G** [Lagrange]. *A Paris, chez Bleuet*, 1768 ; 2 vol. gr. in-8, mar. rouge, dos sans nerfs orné de comp. de fil. et rosaces entourant des fleurons, comp. de fil. et larges dent. dor. encadrant les plats, dent. int., tr. dor. (*Rel. anc.*).

Jolie édition imprimée sur papier de Hollande, ornée de 1 frontispice et de 6 figures par *Gravelot*, gravées par *Binet*.

Superbe reliure de BRADEL-DEROME.

337. **Lucrèce.** Traduction nouvelle, avec des notes par M. L* G** (Lagrange). *Paris, Bleuet*, 1768 ; 2 vol. in-12, veau gran., dos sans nerfs orné de fil. en losange avec pièces de titre vertes, tr. dor. (*Rel. de l'époque*).

Jolie édition, ornée de 1 frontispice et de 6 figures par *Gravelot*, gravées par *Binet* les mêmes que celles de l'édition in-8 sur papier de Hollande.

338. **Lucrèce.** De la Nature des Choses, traduit par La Grange. *De l'imprimerie de Didot jeune, à Paris, chez Bleuet*, l'an deuxième (1794) ; 3 vol. pet. in-fol., demi-rel. mar. rouge avec coins, dos orné, tête dor., non rog. (*Hardy*).

Edition illustrée de 1 frontispice et 6 belles figures de *Monnet*.

Un des 50 exemplaires tirés sur GRAND PAPIER VÉLIN, contenant les figures AVANT

LA LETTRE comprises dans de beaux cadres ornementés et dans lequel on a intercalé la suite complète de 2 frontispices et 6 figures par *Eisen*, *Cochin* et *Le Lorrain*, de l'édition de 1754. Ces 8 pièces ont été soigneusement remargées dans les cadres ornementés de l'édition de Bleuet *tirés en bistre*.

339. [**Malfilâtre**]. Narcisse dans l'isle de Vénus, poème en quatre chants. *A Paris, chez Lejay, s. d.* (1769) ; in-8, veau éc., dos sans nerfs orné avec pièce de titre verte, fil. sur les plats avec fleuron aux angles, tr. dor. (*Rel. de l'époque*).

PREMIER TIRAGE de cette jolie édition publiée au profit des héritiers de Malfilâtre, elle est ornée de 1 titre par *Eisen*, gravé par *De Ghendt*, et de 4 figures par *Gabriel de Saint-Aubin*, gravées par *Massard*.

340. **Marguerite de Navarre**. Contes et nouvelles de Marguerite de Valois, reine de Navarre ; mis en beau langage, accommodé au goût de ce temps, et enrichis de figures en taille-douce. *A Amsterdam, chez G. Gallet*, 1700 ; 2 vol. pet. in-8, mar. vert, dos orné aux petits fers, 3 fil. sur les plats, riche dent. int., tr. dor. (*Capé*).

Jolie édition ornée de 72 gravures en taille-douce, à mi page, dues à *Romain de Hooghe*. Très bel exemplaire, dans une jolie reliure de Capé.

341. **Marillier**. Suite complète de 120 figures pour illustrer le *Cabinet des Fées*, ou collection choisie des contes de fées et autres contes merveilleux. *Genève et Paris*, 1785-1789 ; in-8, mar. rouge, dos orné, fil. sur les plats avec fleurons d'angle, dent. int., tr. dor. (*Rivière*).

Ces figures ont été gravées par *Berthet*, *Borgnet*, *Choffard*, *Croutelle*, *Dambrun*, *Delignon*, *Delvaux*, *Duponchel*, *Fessard*, *Gaucher*, *De Ghendt*, *Godefroy*, *Halbou*, *Langlois*, *Lebeau*, *Legrand*, *Leroy*, *Leveau*, *Le Villain*, *Malapeau*, *Patas*, *Texier*, *Thomas*, etc.
Belles épreuves du PREMIER TIRAGE, SUR PAPIER FORT, dans une jolie reliure de Rivière.

342. **Molière**. Œuvres de Molière, avec des remarques grammaticales, des avertissemens et des observations sur chaque pièce, par M. Bret. *A Paris, par la Compagnie des Libraires associés*, 1773 ; 6 vol. in-8, veau éc., dos orné, fil. sur les plats, dent. int., tr. dor. (*Rel. de l'époque*).

Edition ornée du portrait de Molière gravé par *Cathelin*, d'après *Mignard*, 6 fleurons de titre et 33 figures par *Moreau le jeune*, gravées par *Baquoy*, *De Launay*, *Duclos*, *De Ghendt*, etc.
Bel exemplaire du PREMIER TIRAGE, avec les pages 66-67 et 80-81 en double au tome Ier. (Qq. petites mouillures ou taches, principalement au tome VI).

343. **Molière**. Suite complète de 1 portrait par Coypel et 33 estampes dessinées par *Boucher*, gravées par *L. Cars*, pour les Œuvres. *Paris*, 1734 ; in-4, demi-rel. mar. bleu avec coins, tr. dor. (*Lortic*).

Un des chefs-d'œuvre de l'illustration française du dix-huitième siècle.
Très belles épreuves du PREMIER TIRAGE à grandes marges.

344. **Molière**. Suite complète de 1 portrait d'après *Mignard*, gravé par *Cathelin*, et de 33 figures par *Moreau*, gravées par *De Launay*,

Baquoy, *Duclos*, *De Ghendt*, *Lebas*, *Helman*, *Lebas*, *Masquelier*, *Legrand*, *Née*, *Leveau* et *Simonet*, pour illustrer les *Œuvres de Molière*, édition de 1773. Pet. in-8, demi-rel. mar. rouge, tr. dor. (*David*).

Bonne épreuves anciennes, provenant de la bibliothèque de Paul de Saint-Victor.

345. [**Moncrif** (F.-A. Paradis de)]. Les Chats. *A Paris, chez G.-F. Quillau*, 1727 ; in-8, mar. brun, dos orné, fil. sur les plats, large dent. int., tr. dor. (*Joly*).

Edition originale, ornée de 9 figures (dont 2 pliées) dessinées par *Ch. Coypel*, gravées à l'eau-forte par le *Comte de Caylus*, plus une vignette représentant le dieu Pet.

Belle reliure de Joly. — Ex libris Robert Hoe.

346. **MONTESQUIEU. Le Temple de Gnide.** Nouvelle édition, avec figures gravées par Le Mire, d'après les dessins de Ch. Eisen. — Texte gravé par Droüet. *Paris, chez Le Mire*, 1772 ; gr. in-8, veau éc., dos orné, fil. sur les plats, tr. dor. (*Rel. de l'époque*).

Premier tirage. — Ce beau livre est orné d'un titre gravé, 1 frontispice renfermant le portrait de Montesquieu en médaillon, 1 vignette en tête de la dédicace et 9 belles figures d'*Eisen*, gravées par *Le Mire*, dont 2 pour *Céphise et l'Amour*. — La dernière de ces 2 figures a pour légende : « *La chaleur va les faire renaître* ».

Exemplaire très grand de marges, avec l'ex-libris gravé de *Louis-Pierre d'Hozier, généalogiste du Roy et juge d'armes de France*, 2 fois répété sur les gardes. (La reliure est un peu usagée).

347. **MONUMENT DU COSTUME.** Suite d'Estampes pour servir à l'histoire des mœurs et du costume des François dans le dix-huitième siècle. *A Paris, chés Buldet* (1775) ; 11 ff. de texte et 12 estampes. — Seconde suite d'Estampes, pour servir à l'histoire des mœurs et du costume en France, dans le dix-huitième siècle. *A Paris, de l'imprimerie de Prault*, 1777 ; 15 ff. de texte et 12 estampes. — Troisième suite d'Estampes pour servir à l'histoire des modes et du costume en France. (*Paris*, 1783) ; 12 estampes. — Ens. 3 vol. in-fol., mar. rouge, dos orné aux petits fers, fil. sur les plats, dent. int. (*R. Kieffer*).

Collection complète de ce recueil de 36 estampes, dont les douze premières sont dessinées par *Freudeberg* et les vingt-quatre autres, par *Moreau le jeune*, qui constitue le chef-d'œuvre de la gravure française du XVIIIe siècle. Ces estampes sont gravées par *Romanet*, *Voyez*, *Lingée*, *Baquoy*, *Ingouf*, *Martini*, *Helman*, *etc*.

La première suite est composée d'épreuves avant les numéros ; elle est accompagnée des 11 feuillets de notice, mais le titre général, le Discours préliminaire et la notice des *Confidences* manquent. Les marges sont petites et sauf pour trois estampes, présentent des piqûres de ver d'importance variable ; ces piqûres atteignent la gravure elle-même dans la dernière estampe.

Les deux autres suites sont composées d'épreuves avec les numéros et les lettres A. P. D. R. à très grandes marges. La seconde suite a son titre et son texte au complet ; la troisième série est sans titre ni texte ; sa couverture originale, en papier décoré d'un quadrillage de fleurettes bleu pâle, a été conservée.

348. **OVIDE. Les Métamorphoses d'Ovide**, en latin et en françois, de la traduction de M. l'abbé Banier, avec des explications histo-

riques. *A Paris, chez Le Clerc*, 1767-1771 ; 4 vol. pet. in-4, mar. rouge, dos richement orné aux petits fers, fil. sur les plats, large dent. int., tr. dor. sur fausses marges, tr. dor. (*Mercier, succ. de Cuzin*).

Edition illustrée de 1 frontispice, 3 planches de dédicace, 4 fleurons sur les titres, 30 vignettes, 1 grand cul-de-lampe et 139 figures dessinées par *Boucher, Eisen, Gravelot, Leprince, Monnet, Moreau*, etc., et gravés par *Baquoy, Basan, Binet, Duclos, De Ghendt*, etc.

Superbe exemplaire du PREMIER TIRAGE, avec la date de 1771 sur le titre du 4e volume, *relié sur brochure et entièrement non rogné*, contenant : 1° LA SUITE EN TIRAGE A PART DE TOUS LES FLEURONS, EN-TÊTES ET AUTRES COMPOSITIONS du texte ; 2° les grandes figures en 2 états : AVANT ET AVEC LA LETTRE, y compris le frontispice, les planches de dédicace et le grand cul-de-lampe final du tome IV. Il renferme *l'avis au relieur* et la *Table et explication des planches* (20 pages gravées, encadrées d'un double filet).

Magnifique reliure de Mercier.

349. **OVIDE. Les Métamorphoses d'Ovide**, en latin et en françois, de la traduction de M. l'abbé Banier, avec des exlpications historiques. *Paris, Despilly*, 1767-1771 ; 4 vol. in-4, veau écaille, dos sans nerfs couvert de motifs aux petits fers avec pièces de titre rouges et olive, riches dentelles aux petits fers sur les plats, avec milieux ornés d'entrelacs sur fond azuré, dent. int., tr. dor. (*Rel. de l'époque*).

Très jolie édition, ornée de 1 frontispice, 3 pages de dédicace, 4 fleurons sur les titres, 30 vignettes, 1 superbe cul-de-lampe à la fin du dernier volume et 139 figures dessinées par *Boucher, Eisen, Gravelot, Leprince, Monnet, Moreau*, etc., gravées par *Baquoy, Duclos, Basan, Binet, De Ghendt, Helman, Legrand, De Launay, Le Mire, De Longueil, Saint Aubin, Rousseau*, etc. — Le frontispice, les planches de dédicace, le cul-de-lampe, les fleurons des trois premiers volumes et les vignettes sont dessinées et gravées par *Choffard* ; le fleuron du quatrième volume et 4 vignettes sont dessinés par *Monnet* et gravés par *Choffard*.

Bel exemplaire, du PREMIER TIRAGE, avec la date de 1771 au titre du tome IV, dans une reliure hollandaise ancienne : la dorure qui décore les plats est moderne.

350. **Ovide**. Nouvelle traduction des Heroïdes d'Ovide. *Paris, Durand*, 1763 ; in-8, mar. rouge à long grain, dos et plats ornés de comp. de fil. dor., dent. int., tr. dor. (*Thouvenin*).

Edition ornée de 1 titre gravé et 21 vignettes par *Zocchi*, gravés par *Gregori*, et de 12 culs-de-lampe par *Gregori*.

Belle reliure de Thouvenin. — Quelques feuillets un peu jaunis.

Ex-libris Robert Hoe.

351. **Parny** (Evariste). Œuvres complètes du chevalier de Parny. *Paris, Hardouin et Gattey*, 1788 ; 2 vol. in-18, bas. marb., dos sans nerfs orné, fil. sur les plats, tr. dor. (*Rel. de l'époque*).

Edition ornée de 2 titres gravés et 6 figures par *Monnet*.

Exemplaire contenant les figures *avant la lettre*.

352. **Pausanias**, ou Voyage historique de la Grèce, traduit en françois avec des remarques, par M. l'abbé Gedoyn. *Paris, Didot*, 1731 ; 2 vol. in-4, veau fauve, dos orné avec pièces de titres rouges, dent. int., tr. rouges. (*Rel. de l'époque*).

Jolie édition, ornée de 1 frontispice par *Humblot*, gravé par *Scotin*, de 4 belles planches hors texte par *Rigaud*, repliées, et de 3 cartes.

353. **Perrault** (Charles). Les Hommes illustres qui ont paru en France pendant ce Siècle : avec leurs portraits au naturel. Par M. Perrault, de l'Académie Françoise. *Paris, Ant. Dezallier*, 1696-1700 ; 2 tom. en 1 vol. in-fol., mar. rouge, dos orné à la grotesque, fil. sur les plats, dent. int., tr. dor. (*A. Closs*).

Superbe livre orné de 1 frontispice, 1 portrait de Charles Perrault et 102 portraits à pleine page, gravés par *Edelinck, Lubin, Duflos*, etc., avec blason au bas.
Exemplaire du PREMIER TIRAGE, EN GRAND PAPIER, contenant les portraits de Pascal, Arnauld, Thomassin et Du Cange, avec leurs notices, dans une jolie reliure de Closs. — Quelques jaunissures et petits raccommodages.

354. **Pétrone** latin et français. Traduction entière, suivant le manuscrit trouvé à Belgrade en 1688, avec plusieurs remarques et additions, qui manquent dans la première édition. Nouvelle édition augmentée de la contre-critique de Pétrone. *S. l.*, 1713 ; 2 vol. pet. in-8, mar. rouge jans., large dent. int., tr. dor. (*Hardy*).

Traduction recherchée due à François Nodot.
Seconde édition augmentée de la *Contre-critique*, ou réponse aux *observations sur le Pétrone trouvé à Belgrade* (par Cl.-Ign. Breugière de Barante, sous le nom de George Pelissier). Elle est ornée de 2 frontispices et 8 figures, dont 2 planches doubles, non signés.
Bel exemplaire dans une jolie reliure de Hardy.

355. [**Pezay** (Marquis de)]. Zélis au bain. Poëme en quatre chants. *A Genève, s. d.* (1763) ; in-8, veau marb., dos orné avec pièce de titre rouge, 3 fil., dent. et fleurons aux angles sur les plats, dent. int., tr. dor. (*Rel. anc.*).

Très beau livre orné de 1 titre par *Eisen*, gravé par *Le Mire*, avec la date (à la pointe) de 1763, 4 figures, 4 vignettes et 4 culs-de-lampe par *Eisen*, gravés par *Aliamet, Lafosse, Le Mire* et *de Longueil*.
Bel exemplaire du PREMIER TIRAGE, contenant les charmantes figures d'*Eisen* en superbes épreuves, avec le paraphe manuscrit de l'auteur composé des lettres D. P. au recto de chaque figure, sauf la troisième.
A la suite : Lettre de Barnevolt dans sa prison à Truman son ami, précédée d'une lettre de l'auteur [Dorat]. *Paris, Séb. Jorry*, 1763 ; 37 pp. — Orné de 1 figure, 1 vignette et 1 cul-de-lampe par *Eisen*, gravés par *de Longueil*.
Ex-libris Alfred Piet.

356. **Piron** (A.). Œuvres d'Alexis Piron, avec figures en taille-douce d'après les desseins (*sic*) de M. Cochin. *Paris, N.-B. Duchesne*, 1758 ; 3 vol. in-12, veau marb., dos orné avec pièces de titre rouges et vertes, 2 fil. dor. (*Rel. de l'époque*).

PREMIER TIRAGE. — Edition ornée de 6 figures par Cochin, gravées par Flipart et Sornique. (Le frontispice manque).

357. **Prévost** (l'abbé). Histoire de Manon Lescaut et du chevalier Des Grieux, par l'abbé Prévost. *A Paris, de l'imprimerie de P. Didot*

l'aîné, an v (1797) ; 2 vol. in-18, mar. rouge, dos orné aux petits fers, fil. dor. sur les plats, dent. int., tr. dor. (*Cuzin*).

Jolie édition, ornée de 8 charmantes figures par *Lefèvre*, gravées par *Coiny*. Bel exemplaire auquel on a ajouté un joli portrait de l'abbé Prévost par *Schmidt*, gravé par Ficquet, dans une agréable reliure de Cuzin.

358. [**QUERELLES** (chevalier de)]. **Héro et Léandre**, poëme nouveau en trois chants, traduit du grec sur un manuscrit trouvé à Castro, auquel on a joint des notes historiques... *Paris*, *P. Didot l'aîné*, an IX (1801) ; in-4, cart. de l'époque, non rog.

Superbe livre orné de 1 frontispice en noir et de 8 magnifiques estampes *en couleurs*, dessinés et gravés par *Debucourt*.
Très bel exemplaire sur PAPIER VÉLIN, *non rogné*, contenant les figures avec la lettre grise.

359. **Querlon** (Meusnier de). Les Grâces (recueil de divers ouvrages, en prose et en vers, sur les Grâces). *Paris*, *L. Prault*, 1769 ; in-8, veau fauve, dos orné, avec pièce de titre rouge, fil. sur les plats, dent. int., tr. dor. (*Rel. anc.*).

PREMIER TIRAGE. — Ouvrage orné de 1 titre gravé par *Moreau*, 1 frontispice par *Boucher* et 5 belles figures par *Moreau*, gravés par *Massard*, *de Longueil*, *Simonet*, etc., en très belles épreuves. (Piqûre de ver dans le haut de la marge de fond).

360. **RACINE** (Jean). **Œuvres de Jean Racine**, avec des commentaires par M. Luneau de Boisjermain. *A Paris*, *de l'imp. de Cellot*, 1768 ; 7 vol. in-8, veau marb., dos sans nerfs orné de fers spéc. d'après les dessins de Gravelot, fil. sur les plats, tr. dor. (*Rel. de l'époque*).

PREMIER TIRAGE. — Edition illustrée de 1 portrait par *Santerre*, gravé par *Gaucher* et 12 figures par *Gravelot*, gravées par *Duclos*, *Flipart*, *Lemire*, *Lempereur*, *Levasseur*, *Née*, *Provost*, *Rousseau* et *Simonet*.
Belles épreuves AVANT LA LETTRE.
Jolie reliure dont le dos est orné des élégants fers dessinés par Gravelot. Rare en cette condition.

361. **Regnard** (Jean-François). Les Œuvres de M. Regnard. *A Paris*, *chez Pierre Ribou*, 1707-1708 ; 2 vol. in-12, mar. rouge, dos orné aux petits fers, fil. dor. sur les plats, dent. int., tr. dor. (*Trautz-Bauzonnet*).

Jolie édition ornée de 2 frontispices et de 9 figures non signés.
Bel exemplaire à la suite duquel on a relié *le Légataire universel* et *la Critique du Légataire*.
Jolie reliure de Trautz-Bauzonnet.

362. **Regnard** (Jean-François). Œuvres de Regnard, avec des avertissemens et des remarques sur chaque pièce, par M. G*** (Garnier). Nouvelle édition. *A Paris*, *de l'impr. de Monsieur*, 1789-1790 ;

4 vol. in-8, veau marb., dos sans nerfs orné avec pièces de titre vertes, fil. sur les plats, tr. mouchetées. (*Rel. de l'époque*).

PREMIER TIRAGE. — Très jolie édition, ornée de 1 portrait d'après *Rigaud*, gravé par *Tardieu*, et 7 figures par *Moreau*, gravées par *Langlois, Simonet, Halbou, Patas, Trière*, et de *Longueil*. — Les 2 volumes du *Théâtre italien* manquent.

363. **Restif de la Bretonne** (N.-E.). La Paysane pervertie, ou les dangers de la ville, histoire d'Ursule R**, sœur d'Edmond, le Paysan, mise-au-jour d'après les véritables lettres des personages. *Imprimé à La Haie et se trouve à Paris, chés la dame Veuve Duchesne*, 1784 ; 8 parties en 4 vol. et *un album contenant les figures*. — Ensemble 5 vol. in-12, mar. bleu, dos orné de fil. en long, encad. de 3 fil. dor. sur les plats, avec carquois aux angles, large dent. int., tr. dor. (*David*).

PREMIÈRE ÉDITION de ce roman célèbre.
Un des rares exemplaires avec le titre imprimé portant *La Paysane pervertie*, titre qui fut supprimé par la censure, et contenant en un volume séparé, la suite complète des 36 figures, dont 8 frontispices par *Binet*, gravées par *Berthaud, Giraud* et *Le Roy*. — Cette suite, de TOUT PREMIER TIRAGE, qui ne comporte pas les 2 sujets supplémentaires parus postérieurement, est en très belles épreuves très grandes de marges, condition exceptionnelle.

364. **Rousseau** (J.-J.). Emile, ou de l'éducation, par J.-J. Rousseau, citoyen de Genève. *A La Haye, chez Jean Néaulme*, 1762 ; 4 vol. in-8, mar. rouge, dos orné aux petits fers, fil. sur les plats, dent. int., tête dor., non rog. (*Rel. mod.*).

Seconde édition de cet ouvrage fameux ; elle ne diffère de l'édition originale que par la suppression de la page d'errata, devenue inutile par suite de la correction des fautes, et par l'adjonction d'une table des matières à chaque volume. Elle renferme les 5 figures d'*Eisen*, gravées par *Legrand* et autres, mais légèrement retouchées et sans noms d'artistes.
Exemplaire non rogné dans une jolie reliure à l'imitation des reliures du XVIIIe siècle. — Ex libris de Robert Hoe.

365. **Rousseau** (J.-J.). Suite complète de 1 portrait de Rousseau gravé par *A. de Saint-Aubin* d'après *La Tour* et 37 figures dont 30 par *Moreau* et 7 par *Le Barbier*, gravées par *Choffard, Duclos, de Launay, Lemire, Saint-Aubin, Duflos*, etc., pour illustrer les *Œuvres de J.-J. Rousseau. Londres*, (*Bruxelles*), 1774-1783 ; en 1 album pet. in-4, cart. bradel demi-mar. vert.

Belles épreuves anciennes dont 20 *sont avant la lettre*, de ces remarquables illustrations. (Piqûre de ver à 7 figures, dont 2 seulement intéressant la gravure, près du trait carré).

366. **Sacre et couronnement** de Louis XVI, roi de France et de Navarre, à Rheims le 11 juin 1775 ; précédé de recherches sur le sacre des Rois de France, depuis Clovis jusqu'à Louis XV, et suivi d'un journal historique de ce qui s'est passé à cette auguste céré-

monie. Enrichi d'un très grand nombre de figures en taille-douce gravées par le sieur Patas, avec leurs explications. *Paris, Vente et Patas*, 1775 ; in-4, veau marbré, dos orné, encad. de fil. avec fleurs de lis aux angles, sur les plats, milieux armoriés, dent. int., tr. dor. (*Rel. de l'époque*).

Magnifique ouvrage illustré de 1 titre gravé, 1 frontispice, 14 vignettes, 49 figures, dont 10 planches doubles (représentant les Cérémonies du Sacre et 1 planche d'armoiries) et 39 planches de costumes, et 1 plan de la ville de Reims, le tout gravé par *Patas*.

Exemplaire tiré sur papier de Hollande, avec les figures dans des cadres ornementés, dans une jolie reliure aux armes de Louis XVI.

367. **Saint-Lambert.** Les Saisons, poème. Septième édition (suivie de contes en prose, de poésies fugitives et de fables orientales). *A Amsterdam*, 1775 ; gr. in-8, veau écaille, dos orné, fil. dor. avec fleurons aux angles, sur les plats, tr. dor. (*Rel. de l'époque*).

Premier tirage. — Edition ornée de 1 frontispice de *Moreau*, 1 fleuron sur le titre par *Choffard*, 6 figures de *Moreau* et 4 vignettes de *Choffard*.

368. **Saint-Pierre** (Bernardin de). Paul et Virginie. *Paris, de l'impr. de Monsieur*, 1789 ; in-18, mar. bleu jans., large dent. int., tr. dor. (*Stroobants*).

Edition originale, ornée de 4 figures par *Moreau* et *J. Vernet*, gravées par *Girardet*, *Halbou* et *de Longueil*.

Très bel exemplaire sur papier vélin d'Essone, dans une jolie reliure de Stroobants.

369. **Scarron.** Le Roman Comique. Edition ornée de figures dessinées par Le Barbier, et gravées sous sa direction. *De l'imprimerie de Didot jeune. A Paris, chez Janet et chez Hubert, l'an quatrième* (1796) ; 3 vol. in-8, veau fauve, dos sans nerfs orné de masques et attributs comiques, petite dent. dor. sur les plats et à l'int., tr. dor. (*Bozérian*).

Premier tirage. — Edition ornée de 1 portrait gravé par *Le Mire* et 15 figures par *Le Barbier*, gravées par *Baquoy, Dambrun, Duclos, Hubert, Patas, Simonet* et *Romanet*

Très bel exemplaire dans une reliure de Bozérian, un peu usagée.

370. **Scarron.** Œuvres. Nouvelle édition revue, corrigée et augmentée de l'histoire de sa vie et de ses ouvrages, d'un Discours sur le style burlesque et de quantité de pièces omises dans les éditions précédentes (par Bruzen de La Martinière). *Amsterdam, Wetstein*, 1752 ; 7 vol. in-18, front. et portr., mar. rouge, dos et plats ornés de fil. à fr., dent. int., tr. dor. (*Capé*).

Jolie édition bien complète des œuvres du maître de la poésie burlesque. Elle est ornée de 1 portrait en buste de Scarron, de 7 fleurons (le même pour chaque volume) et de 6 frontispices par *L.-F. Dubourg*, gravés par *Folkema*.

Superbe exemplaire, à grandes marges, dans une jolie reliure de Capé.

371. **Tacite.** Tibère, ou les six premiers livres des Annales de Tacite, traduits par M. l'abbé de la Bléterie. *A Paris, de l'Impr. royale*, 1768 ; 3 vol. in-12, mar. rouge, dos orné, fil. dor. sur les plats, dent. int., tr. dor. (*Rel. de l'époque*).

Jolie édition, ornée de 1 fleuron par *Gravelot*, gravé par *De Launay*, répété sur les titres, 6 en-têtes avec des médailles romaines et 6 figures par *Gravelot*, gravées par *Delaunay, Duclos, Massard, Rousseau* et *Saint Aubin*.
Jolie fraîche reliure de l'époque.

372. **Térence.** Les Comédies de Térence, avec la traduction et les remarques de Madame Dacier. *A Amsterdam, chez R. et G. Wetstein*, 1724 ; 3 vol. pet. in-8, mar. bleu, dos orné, comp. de fil., milieux ornés de fleurons aux petits fers et au pointillé, angles ornés de couronnes et guirlandes, dent. int., tr. dor. (*Rel. de l'époque*).

Edition ornée de 1 fleuron sur les titres, 1 frontispice par *Bernard Picart*, 1 vignette avec le portrait de Térence et 47 figures au trait par *Bernard Picart*, dont plusieurs repliées, représentant des scènes de pièces et des masques de théâtre.
Bel exemplaire dans une jolie reliure de l'époque.

373. **Théâtre des Boulevards**, ou recueil de parades. *Mahon* [*Paris*], *de l'imprimerie de Gilles Langlois, à l'enseigne de l'Etrille*, 1756 ; 3 vol. in-12, demi-rel. mar. rouge avec coins, dos orné, tête dor., non rog. (*Niédrée*).

Recueil peu commun, publié par Corbie, orné d'un frontispice à la manière d'*Eisen*, au tome I (qui n'est pas répété dans les deux autres volumes), contenant des pièces de Fagan, Moncrif, Collé, Sallé, secrétaire de Maurepas, Piron, etc.
Bel exemplaire *non rogné*. Rare en cette condition.
Ex-libris Chartener.

374. **Traits les plus remarquables** (Les) de l'histoire ancienne, d'après Rollin ; ornés de 100 figures dessinées et gravées avec soin ; rédigés par MM. Vauvilliers et Auger. *Paris, Thériot et Belin, s. d.* (vers 1790) ; 2 tom. en 1 vol. gr. in-8, demi-rel. chag. rouge avec coins, dos orné, fil. sur les plats, tr. marb.

Cet ouvrage qui semble resté inachevé, divisé en 2 parties contient 53 figures avec texte gravé, et portraits en médaillons, dessinées par *Marillier* et *Monnet*, gravées par *Dullos, Dambrun, Delvaux, Duponchel*, etc., dont 23 planches pour le 1er volume et 30 pour le second (petite réparation au dernier f.).

375. **Vadé.** Œuvres poissardes de J.-J. Vadé et de L'Ecluse. *Paris, Didot jeune*, 1796 ; in-18, demi-rel. veau brun, dos orné de lyres et rosaces, avec pièce de titre rouge. (*Rel. de l'époque*).

Charmante édition ornée de 1 portrait et de 4 figures non signées. Elle renferme, entre autres pièces, la *Pipe cassée*, les *Bouquets poissards*, le *Déjeuné de la Rapée* et les *Lettres de la Grenouillère*.

376. **Vinci** (Léonard de). Recueil de textes de caractères et de charges dessinées par Léonard de Vinci, Florentin, et gravées par M. le comte de Caylus (avec notice par Mariette). *Paris*, *Mariette*, 1730 ; in-4, veau marb., dos orné, tr. jasp. (*Rel. anc.*).

Premier tirage. — Recueil rare, comprenant 1 titre orné dessiné par *Aug. Carache*, 12 ff. de texte et 36 planches gravées par le *comte de Caylus*, dont la plupart sont à 2 sujets, comprenant ensemble 64 morceaux de gravure. Le titre orné et les 2 dernières figures sont gravés à la manière du lavis et tirés en bistre.

377. **Virgile.** Les Œuvres de Virgile traduites en françois, le texte vis-à-vis la traduction. Ornées de figures en taille-douce, avec des remarques, par M. l'abbé des Fontaines. *Paris*, *Quillau père*, 1743 ; 4 vol. in-8, veau fauve, dos sans nerfs orné, avec pièces de titre rouges et olive, fil. sur les plats, dent. int., tr. dor. (*Rel. anc.*).

Edition ornée de 1 superbe portrait de l'abbé Desfontaines, par *Toqué*, gravé par *Schmidt*, 1 frontispice et 17 figures par *Cochin fils*, gravés par *Cochin père et fils*.

Bel exemplaire contenant un portrait de Constantin Maurocordato, prince de Moldavie (à qui la traduction est dédiée), gravé par *Petit*, ajouté.

378. **Voltaire.** La Henriade, en dix chants, précédée, accompagnée et suivie de toutes les pièces relatives à ce poëme et à la Poésie épique en général ; auxquelles on a joint : Le Temple du goût, les Discours sur l'Homme, les poëmes de Fontenoy, sur le Désastre de Lisbonne, sur la Loi naturelle, etc., etc. *Genève*, 1768 ; in-4, mar. rouge à long grain, dos orné aux petits fers, comp. de fil. et dent. sur les plats, griffon ailé au centre, dent. int., tr. dor. (*Rel. anglaise anc.*).

Superbe édition, qui forme le tome Ier des Œuvres complètes de Voltaire, ornée de 1 frontispice par *Gravelot*, gravé par *Flipart*, 1 portrait de Henri IV, gravé par *Cathelin* d'après *Jannet*, et 10 figures par *Gravelot*, gravées par *Duclos*, *Née*, *Rousseau*, de *Lorraine*, *Simonet*, *Levasseur* et *de Launay*.

Très bel exemplaire, contenant un portrait de Voltaire d'après *La Tour*, gravé par *Cathelin*, ajouté, dans une jolie reliure anglaise, ornée sur les plats de la marque et des chiffres de Françis Palmer, avec son ex-libris.

379. **Voltaire.** La Henriade. Nouvelle édition. *A Paris*, *chez la veuve Duchesne*, *Saillant*, *Desaint*, *Panckouke et Nyon*, 1770 ; 2 vol. in-8, veau fauve, dos sans nerfs orné avec pièces de titre rouges et olive, 3 fil. et rosaces aux angles, dent. int., tr. dor. (*Rel. de l'époque*).

Premier tirage de cette jolie édition, ornée de 1 frontispice, 1 titre gravé avec un beau portrait médaillon de Voltaire, 10 figures et 10 vignettes dessinées par *Eisen*, gravées par *de Longueil*.

380. **Voltaire.** Romans et Contes de M. de Voltaire. *A Bouillon*, *aux dépens de la Société Typographique*, 1778 ; 3 vol. in-8, veau rac.,

dos sans nerfs orné, guirlande dor. encadrant les plats, tr. dor. (*Rel. de l'époque*).

Premier tirage de cette édition illustrée du portrait de **Voltaire d'après** *La Tour*, gravé par *Cathelin*, 13 vignettes de *Monnet*, gravées par *Deny*, et de 57 jolies figures de *Marillier*, *Martini*, *Monnet* et *Moreau*, gravées par *Baquoy*, *Chatelain*, *Deny*, *Dambrun*, *Lorieux*, *Patas*, *Vidal* et *Elisabeth Thiébaut*.
Bel exemplaire.

381. **Voltaire.** Suite complète de 1 frontispice, 7 portraits d'après La Tour, Rigaud, Van Loo et autres, et 42 figures par Gravelot, gravés par *de Launay*, *Duclos*, *de Longueil*, *Le Vasseur*, *Simonet*, *Tilliard*, etc., pour illustrer les *Œuvres de Voltaire*, édition de Genève, 1768-1774. — Ens. 50 figures in-4, en feuilles.

Très belles épreuves à toutes marges.

382. **Voltaire.** Suite de 113 figures par *Moreau le jeune*, gravées par *Delvaux*, *Coiny*, *Halbou*, *Ingouf*, *Simonet*, *Petit*, *Roger*, *Trière*, *Godefroy*, *Girardet*, *Thomas*, *Romanet*, *de Ghendt*, *de Villiers*, *Villerey*, etc., et de 46 portraits, pour la plupart dessinés et gravés par *Augustin de Saint-Aubin* pour illustrer les *Œuvres complètes*, édition Renouard, 1819-1825. — Ensemble 161 planches en 1 album gr. in-8, mar. rouge, dos orné aux petits fers, fil. sur les plats, dent. int., tête dor. (*Bertrand*).

Très belles épreuves anciennes sur papier de Hollande, à toutes marges, de cette jolie suite d'illustrations publiées par Renouard et connue sous le titre de *Seconde suite de Moreau*. — Elle comprend 44 figures pour le *Théâtre*, 10 pour la *Henriade*, 21 pour la *Pucelle d'Orléans*, 33 pour les *Romans et Contes* et 5 pour les ouvrages historiques. — Deux figures (1 du Théâtre, 1 de la Pucelle) sont avant la lettre.
Ex-libris Robert Hoe.

IV. Livres du XVIIIe siècle

Traductions d'Auteurs grecs et latins
Classiques français et étrangers
Philosophie — Morale — Histoire — Voyages

Œuvres de Marivaux, Quinault, Regnard,
Restif de la Bretonne, J.-J. Rousseau, Voltaire, etc.

Reliures armoriées

383. **Almanach royal**, année MDCCXLVI. *Paris, d'Houry*, 1746 ; in-8, mar. rouge, dos orné aux petits fers et au pointillé, large dent. sur les plats, doubl. et gardes de papier doré et à fleurs, dent. int., tr. dor. (*Rel. de l'époque*).

Année peu commune. — Jolie reliure.

384. **Almanach royal**, année M.DCC.LXI. *A Paris, chez Le Breton*, 1761 ; in-8, mar. rouge, dos orné et fleurdelisé, fil. sur les plats avec fleurs de lis aux angles, pet. dent. int., doubl. et gardes de pap. semé d'étoiles dor., tr. dor. (*Rel. de l'époque*).

385. **Amours** (Les) de Henri IV, roi de France, avec ses lettres galantes à la duchesse de Beaufort et à la marquise de Verneuil. *A Amsterdam*, 1765 ; 2 vol. pet. in-12, veau fauve, dos sans nerfs orné, avec pièces de titre rouges et vertes, fil., pet. dent. int., tr. dor. (*Rel. anc.*).

Livre curieux, composé sur des pièces originales ; il renferme 12 lettres à la duchesse de Beaufort et 31 lettres à la marquise de Verneuil.
Exemplaire portant l'ex libris gravé du comte de Pastoret.

386. **Anacréon**. Odes d'Anacréon. Traduction nouvelle en vers (par P.-H. Anson). *Paris, Du Pont*, an III, 1795 ; pet. in-8, mar. rouge à

long grain, dos sans nerfs orné, comp. de fil. dor. et dent. dor. et à froid, sur les plats, dent. int., tr. dor. (*Rel. de l'époque*).

Traduction rare, due à Pierre-Hubert Anson, qui fut, après la Révolution, président du Conseil de préfecture de la Seine et administrateur des postes.

387. **Apulée**. La Fable de Psyché (traduite en français par Breugière de Barante, avec le texte latin et une dissertation sur cette fable par Delaulnaye). Figures de Raphaël. *Paris, caractères de Henri Didot*, an XI-1802 ; gr. in-4, mar. rouge, dos orné de guirlandes, volutes de feuillage et carquois, plats ornés de comp. et entrelacs de fil. droits et courbes avec volutes et branches de feuillage, palmes, pots de fleurs, carquois, ornements aux petits fers et au pointillé, large et riche dent. int., doubl. et gardes moire verte, tr. dor. (*Petit*).

Edition reproduisant la traduction originale de 1695 et dans laquelle on a inséré le vers de Jean Maugin, dit le Petit Angevin, traducteur de Palmerin d'Olive et du premier livre de Tristan.

Elle est ornée de 32 planches hors texte gravées au trait d'après les dessins de *Raphaël* par *Dubois* et *Marchais* sous la direction de *Girodet*.

Très belle impression sur papier vélin.

Magnifique reliure exécutée par Petit dans le style des plus belles reliures du XVIe siècle.

388. **Barthélemy** (abbé J.-J.). Carite et Polydore, par J.-J. Barthélemy, auteur du Voyage du jeune Anacharsis en Grèce. *Lausanne et Paris, chez les marchands de nouveautés*, 1796 ; in-12 de XXIII-154 pp. et 1 feuillet d'errata, mar. vert, dos orné aux petits fers, fil. et dent. sur les plats, dent. int., tr. dor. (*Bauzonnet*).

Bel exemplaire contenant un portrait en pied de l'auteur par *Devéria*, gravé par *Konig*, ajouté. — Jolie reliure de Bauzonnet.

Ex-libris Robert Hoe.

389. **Bayard** (Ferd.-M.). Voyage dans l'intérieur des Etats-Unis, à Bath, Winchester, dans la vallée de Shenandoha, etc., pendant l'été de 1791. *Paris, Cocheris*, an V, (1797) ; in-8 de XVI-336 pp., veau rac., dos orné, dent. sur les plats. (*Rel. anc.*).

Edition originale de ce livre curieux sur l'Amérique. (Qq. petites taches).

390. **Beaumarchais** (P.-A. Caron de). La Folle Journée, ou le mariage de Figaro, comédie en 5 actes et en prose, par M. Caron de Beaumarchais, représentée pour la première fois à Paris par les comédiens ordinaires du Roi, le 27 avril 1784. *Paris*, 1785 ; in-8 de 136 pp., demi-rel. mar. brun avec coins, dos orné, tête dor., non rog. (*R. Kieffer*).

Edition parue la même année que l'originale, contenant la musique notée que celle-ci ne comporte pas ; elle est restée inconnue à Jules Le Petit.

391. **Bernis** (Cardinal de). Œuvres complettes de M. le C. de B***, de l'Académie françoise. Dernière édition. *A Londres* (*Paris*), 1767 ; 2 vol. pet. in-8, mar. rouge, dos sans nerfs orné avec pièce de titre olive, 3 fil. sur les plats, dent. int., tr. dor. (*Rel. de l'époque*).

Bel exemplaire en GRAND PAPIER DE HOLLANDE, orné d'un portrait finement gravé collé sur le feuillet de garde, dans une jolie et fraîche reliure ancienne.
Ex-libris A. de Saint-Ferriol et Génard.

392. **Bossu** (N.). Nouveaux voyages dans l'Amérique septentrionale contenant une collection de lettres écrites sur les lieux par l'auteur, à son ami, M. Douin, chevalier, capitaine dans les troupes du Roi, ci-devant son camarade dans le Nouveau Monde. Par M. Bossu..., ancien capitaine d'une compagnie de la marine. *Amsterdam*, *Changuion*, 1777 ; in-8, veau marb., dos orné, tr. rouges. (*Rel. anc.*, *usagée*).

Edition originale, ornée de 4 figures par *Gabriel de Saint-Aubin*, gravées par *Le Tellier* et *Loueion*.
Exemplaire aux armes de Jérôme-Frédéric BIGNON, conseiller d'Etat, membre de l'Académie des Inscriptions et Belles-Lettres, petit-neveu de l'abbé Jean-Paul Bignon et, comme lui, bibliothécaire du Roi (1722-1784).

393. **Bossuet** (J.-B.). Discours sur l'histoire universelle, depuis le commencement du monde jusqu'à l'empire de Charlemagne. Imprimé par ordre du Roi pour l'éducation de Mgr le Dauphin. *Paris*, *Didot l'aîné*, 1786 ; 2 vol. pet. in-8, mar. bleu, dos couvert d'ornements aux petits fers et au pointillé, fil. sur les plats, large dent. int., tr. dor. (*Capé*).

De la *Collection des Auteurs classiques françois et latins*.
Edition en très beaux caractères, tirée à 350 exemplaires seulement.
Exemplaire sur papier vélin dans une jolie reliure de Capé.
Ex libris Robert Hoe.

394. **Bridault**. Mœurs et coutumes des Romains. *Paris*, *Le Mercier*, 1754 ; 2 vol. in-12, mar. rouge, dos orné avec pièces de titre vertes, fil. sur les plats et rosaces aux angles, dent. int., tr. dor. (*Rel. de l'époque*).

Jolie reliure de DEROME aux armes de la COMTESSE DE PROVENCE.

395. **Chastellux** (Marquis François-Jean de). Voyages de M. le marquis de Chastellux dans l'Amérique septentrionale, dans les années 1780, 1781 et 1782. *Paris*, *Prault*, 1786 ; 2 vol. in-8, veau marb., dos de mar. rouge et olive orné de rosaces, dent. et fleurons, 3 fil. sur les plats et milieux ornés, dent. int., tr. dor. (*Rel. de l'époque*).

PREMIÈRE ÉDITION COMPLÈTE d'un des plus remarquables livres sur l'Amérique, ornée de 5 planches et cartes repliées, par Dezoteux.
Exemplaire portant au centre des plats cette inscription en lettres d'or entourées de guirlandes : *Salon des Arts*.

396. **Cicéron.** Les Offices, traduction de Barrett. 1 vol. — Les Livres de la vieillesse et de l'amitié, avec les paradoxes et le songe de Scipion. Traduits par Barrett. 1 vol. — Traité de la Consolation, traduit par Morabin. 1 vol. *Paris, Didot jeune*, an III (1795) ; ens. 3 vol. pet. in-12, pap. vélin, demi-rel. veau fauve avec coins, dos orné de fil. avec pièces de titre rouges et vertes, non rog. (*Simier, R. du Roi*).

397. **Collection** complette des fabulistes, dédiée à M. le comte de Vaudreuil, par une société de gens de lettres (publiée par Cholet de Jetphort). *Paris, Petit*, 1785 ; in-8, mar. rouge, dos orné aux petits fers avec pièces de titre vertes, fil. dor. avec fleurons aux angles, sur les plats, dent. int., tr. dor. (*Rel. de l'époque*).

Seul volume paru de cette collection ; il renferme les Fables de Lokman, traduites de l'arabe, et celles d'Esope, traduites du grec.
Bel exemplaire.

398. **Corneille.** Chefs-d'œuvre de Pierre [et de Thomas] Corneille. *Paris, Pierre et Firmin Didot*, an VIII (1800) ; 4 vol. pet. in-12, mar. rouge à long grain, fil. dor. sur le dos et les plats, pet. dent. int., tr. dor. (*Rel. de l'époque*).

Edition stéréotype, comprenant : *Pierre Corneille*, 3 vol. — *Thomas Corneille*, 1 vol.
Charmant exemplaire sur papier vélin.

399. **Coyer** (l'abbé). Histoire de Jean Sobieski, roi de Pologne. Par M. l'abbé Coyer. *A Varsovie, et à Paris, Duchesne*, 1761 ; 3 vol. in-12, portr., mar. rouge, dos sans nerfs orné aux petits fers, 3 fil. et fleurons sur les plats, milieux armoriés, dent. int., doublés et gardes de pap. doré, tr. dor. (*Rel. de l'époque*).

L'auteur, Gabriel-François Coyer, fut un des hôtes de Voltaire à Ferney.
Son *Histoire de Jean Sobieski* est un de ses principaux ouvrages ; elle est ornée d'un beau portrait de Sobieski par *Garand*, gravé par *Chenu*.
Superbe exemplaire aux armes de la MARQUISE DE POMPADOUR, de toute fraîcheur.
Ex-libris Robert Hoe.

400. **Crébillon** (Prosper JOLYOT DE). Œuvres. *Paris, stéréotype d'Herhan*, XI-1802 ; 3 vol. in-12, veau rac., dos sans nerfs orné de fil., dent. et rosaces, bandes de mar. noir pour les titres et pièces de mar. rouge en losange pour la tomaison, fil. et bord. dor. encadrant les plats, bord. int. dor., tr. dor. (*Rel. de l'époque*).

Superbe exemplaire sur GRAND PAPIER VÉLIN, orné d'un beau portrait de Crébillon gravé par *Augustin de Saint-Aubin*.

401. **Crébillon fils** (Claude-Prosper Jolyot de). Collection complète des œuvres de M. de Crébillon fils. *A Londres*, 1777 ; 14 vol. in-12, veau fauve, dos orné aux petits fers avec pièces de titre rouges et vertes, fil. dor. sur les plats, dent. int., tr. dor. (*Bedford*).

Collection complète, ainsi répartie : Tomes I-II : *Le Sylphe* ; *Lettres* ; *Tanzai et Néadarné*. — III-IV : *Les Egarements du Cœur* ; *Le Sopha*. — V-VI : *Ah ! quel Conte !* — VII-VIII : *Les Heureux Orphelins*. — IX : *La Nuit et Le Moment*. — X-XI : *Lettres*. — XII-XIV : *Lettres Athéniennes*.
Bel exemplaire de cette édition collective devenue rare, dans une jolie reliure de Bedford
Ex-libris Robert Hoe.

402. **Dacier** (André). Bibliothèque des anciens Philosophes. *A Paris, chez Saillant et Nyon...*, 1771 ; 5 vol. in-12, mar. rouge, fil. dor. sur le dos et les plats, large dent. int., tr. dor. (*Rel. anc.*).

Importante collection comprenant : la vie de Pythagore ; ses *Symboles* et ses *Vers dorés* ; la vie d'Hiéroclès et ses commentaires sur les *Vers dorés*, 2 vol. — Œuvres de Platon. Dialogues traduits par Dacier : *L'Eutyphron*. *Le Théagès*. *L'Apologie de Socrate*. *Le Criton*. *Le Phédon* ; la Vie et la Doctrine de Platon ; le Premier et le Second *Alcibiade*, 2 vol. — *Protagoras* ; *le Grand Hippias* ; *l'Euthydemus* et le *Banquet* (traduit en partie par Racine), 1 vol.
Superbe exemplaire en grand papier de Hollande, dans une fraîche reliure ancienne portant l'étiquette d'Antoine Chaumont, *relieur de l'Institut de France*.
Ex-libris Robert Hoe.

403. **Diodore de Sicile.** Histoire universelle de Diodore de Sicile, traduite en françois par M. l'abbé Terrasson, de l'Académie française. *A Paris, chez de Bure*, 1737-1744 ; 7 vol. in-12, mar. citron, dos orné aux petits fers, 3 fil. dor., dent. int., tr. dor. (*Rel. de l'époque*).

Précieux exemplaire relié par Derome aux armes de Madame Sophie, fille de Louis XV.

404. [**Dulaurens** (Henri-Joseph)]. La Chandelle d'Arras, poème héroï-comique, en XVIII chants. *A Bernes, aux dépens de l'Académie d'Arras*, 1765 ; in-12, mar. rouge à long grain, dos et plats ornés de fil. dor., dent. int., tr. dor. (*Kalthoeber*).

Edition originale de ce poème facétieux, ornée d'un curieux frontispice gravé, signé R. P. Isaac Berruyer inv., R. P. Ignace de Loïola sculp.
Jolie reliure de Kalthoeber.
Ex-libris Robert Hoe.

405. **Editions stéréotypes** d'après le procédé de Firmin-Didot. *A Paris, de l'imp. de P. Didot l'aîné*, 1810-1813 ; 8 vol. pet. in-12, pap. vélin, veau rac., dos sans nerfs orné avec pièces de titre noires, fil. et dent. dor. encadrant les plats, dent. int., tr. dor. (*Rel. de l'époque*).

Destouches. Œuvres choisies, 1810 ; 2 vol. — Favart. Œuvres choisies, 1812-1813 ; 3 vol. — Le Franc de Pompignan. Œuvres choisies, 1813 ; 2 vol. — La Fontaine. Théâtre. 1812 ; 1 vol.
Très jolies reliures dans le style de Bozérian, de toute fraîcheur.

406. **Epictète**. Nouveau manuel d'Epictète, extrait des commentaires d'Arrien, et nouvellement traduit du grec en françois [par de Bure-Saint-Fauxbin]. *Paris, imp. de Monsieur*, 1784 ; 2 vol. pet. in-12, mar. rouge, dos sans nerfs orné de fil., pointillé et rosaces, bord. dor. encadrant les plats, avec initiale D au centre, dent. int., tr. dor. (*Rel. de l'époque*).

Très bel exemplaire dans une jolie reliure de Derome, de toute fraîcheur.

407. **Extrait** du Journal d'un officier de la marine de l'escadre de M. le comte d'Estaing. *S. l.*, 1782 ; in-8 de 158 pp., veau rac., dos sans nerfs orné, tr. jasp. (*Rel. anc.*).

Intéressant récit de l'expédition du *Languedoc* parti de Toulon, le 13 avril 1778 au secours des Etats Unis, des péripéties de l'attaque de Savanah et des évènements survenus jusqu'au retour de l'escadre en France, en 1780.

408. **Farce de maistre Pierre Pathelin** (La), avec son testament à quatre personnages. *Paris, Ant. Coustelier*, 1723 ; pet. in-8, mar. rouge, dos orné de losanges au pointillé et pet. rosaces, avec pièce de titre verte, fil. et bord. dent. sur les plats, dent. int., tr. dor. (*Rel. anc.*).

Jolie édition faite sur un exemplaire de celle sans date, publiée par la veuve de J. Bonfons, corrigée de la main de Bernard de La Monnoye.

Exemplaire contenant un portrait en médaillon de David-Augustin Brueys, auteur de « l'Avocat patelin », ajouté, dans une jolie reliure de Bradel-Derome.

Ex libris gravé sur bois de Th. Cerf Berr. (fin du XVIIIe siècle).

409. **Favart** (C.-S.). La Rosière de Salenci, comédie en trois actes, mêlée d'ariettes, par M. Favart, représentée devant Sa Majesté à Fontainebleau, le 25 octobre 1769, et à Paris, par les comédiens ordinaires du Roi, le 14 décembre 1769. *Paris, Vve Duchesne*, 1770 ; in-8 de VIII-104 pp., demi-rel. mar. rouge avec coins, dos orné, tête dor., *non rogné*.

Seconde édition, avec 3 pp. de musique notée. — Très bel exemplaire.

410. **Fénelon**. Les Aventures de Télémaque, fils d'Ulysse. Imprimé par ordre du Roi pour l'éducation de Mgr le Dauphin. *Paris, de l'impr. de Didot*, 1783 ; 4 vol. pet. in-12, mar. rouge, dos et plats ornés de fil. et rosaces, dent. int., tr. dor. (*Rel. de l'époque*).

Bel exemplaire imprimé sur papier vélin, dans une jolie reliure de Derome, *avec son étiquette*.

411. **Genty** (L.). L'Influence de la découverte de l'Amérique sur le bonheur du genre humain, par M. l'abbé Genty. *Paris, Nyon*, 1788 ; in-8 de 352 pp., veau marb., dos orné, tr. rouges. (*Rel. de l'époque*).

Edition originale ornée d'une figure par *Eisen*, gravée par *Helman*, et d'une grande carte repliée.

412. [**Godard de Beauchamps**]. Histoire du Prince Apprius extraite des fastes du monde, depuis sa création. Manuscrit persan trouvé dant la bibliothèque de Schah-Hussain, roi de Perse, détrôné par Mamouth en 1722. Traduction françoise par Monsieur Esprit, gentilhomme provençal [P.-Fr. Godard de Beauchamps]. *Imprimé à à Constantinople*, 1729 ; in-12, mar. vert à long grain, dos plat orné en long, comp. de fil. droits et courbes, avec rinceaux et palmettes aux angles, sur les plats, dent. int., non rog. (*Bauzonnet-M. Purgold*).

Seconde édition de cette histoire allégorique où les noms sont anagrammatisés. L'ouvrage parut à Lyon pour la première fois, en 1728 ; l'imprimeur fut condamné au bannissement. Très rare.

Bel exemplaire non rogné ayant appartenu successivement à Charles Nodier et à Robert Hoe, avec leurs ex-libris.

Jolie reliure de Bauzonnet-M. Purgold, de toute fraîcheur.

413. [**Holbach** (Baron d')]. Discours sur les miracles de Jésus-Christ, traduits de l'anglois de Woolston. *S. l., dix-huitième siècle* ; 2 tom. en 1 vol. in-12, mar. rouge, dos orné d'amphores et de fil. enchaînés et au pointillé, 3 fil. sur les plats et rosaces aux angles, dent. int., tr. dor. (*Rel. sans nerfs anc.*).

Très bel exemplaire dans une jolie reliure de Derome, de toute fraîcheur.

Précieux exemplaire ayant appartenu à Stanislas de Guaita, avec son ex-libris et sa signature sur le dernier feuillet de garde.

414. [**Holbach** (baron d')]. Essai sur les préjugés, ou de l'influence des opinions sur les mœurs et sur le bonheur des hommes. Ouvrage contenant l'apologie de la philosophie par Mr D. M. [par le baron d'Holbach, avec des notes par J.-A. Naigeon]. *Londres* (*Amsterdam, M.-M. Rey*), 1770 ; pet. in-8, mar. rouge, dos sans nerfs orné, fil. dor. avec fleurons aux angles sur les plats, dent. int., doubl. et gardes de papier semé d'étoiles dor., tr. dor. (*Rel. de l'époque*).

Edition originale de cet ouvrage du baron d'Holbach, qui fut d'abord attribué à Dumarsais.

Bel exemplaire dans une jolie reliure de l'époque.

415. **HOMÈRE. L'Iliade** [**et l'Odyssée**], avec des remarques, précédées de réflexions sur Homère et sur la traduction des poëtes, par M. Bitaubé. Troisième édition. *A Paris, de l'imp. de Didot l'aîné*, 1787-1788 ; 12 vol. in-18, portraits par *Cochin* et *Aug. de Saint-Aubin* et pl. repl., mar. rouge, dos sans nerfs orné de fil. et rosaces, dent. dor. sur les plats, et à l'int., doubl. et gardes de moire gris perle, tr. dor. (*Rel. de l'époque*).

Très jolie édition. — Exemplaire imprimé sur papier vélin, dans une jolie reliure de Bradel-Derome.

416. **Horace.** Traduction des Œuvres d'Horace en vers françois. Avec des extraits des auteurs qui ont travaillé sur cette matière, et des notes pour l'éclaircissement du texte [par M. Salmon]. *Paris, Nyon et Guillyn*, 1752 ; 5 vol. pet. in-12, mar. rouge, dos sans nerfs orné aux petits fers, 3 fil. dor. avec rosaces aux angles, sur les plats, dent. int., tr. dor. (*Rel. de l'époque*).

Magnifique exemplaire dans une charmante reliure de Derome, de toute fraîcheur.
Ex libris Robert Hoe.

417. **La Fayette** (Mme de). Zayde, histoire espagnole, par Madame de La Fayette. *A Paris, de l'imp. de P. Didot l'aîné*, 1814 ; 2 tom. en 1 vol. pet. in-12, demi-rel. mar. orange avec coins, dos orné aux petits fers avec pièces de titre rouges et vertes, tête dor., non rog. (*Hardy*).

De la *Collection de la duchesse d'Angoulême*.
Bel exemplaire imprimé sur papier fin.

418. **La Fontaine.** Fables, suivies d'Adonis, poème. *Paris, P. Didot l'aîné*, an VII (1799) ; 2 vol. in-12, veau rac., dos sans nerfs orné, dent. à la grecque et pet. guirlande dor. sur les plats, dent. int., tr. dor. (*Rel. de l'époque*).

Jolie édition stéréotype.
Exemplaire imprimé sur papier vélin, dans une jolie reliure de l'époque.

419. **La Rochefoucauld** (François, duc de). Maximes et réflexions morales du duc de La Rochefoucauld. *A Paris, de l'Imprimerie royale*, 1778 ; pet. in-8, mar. rouge à long grain, dos orné de fil., dentelles et rosaces, comp. de fil. droits, courbes et en losange avec rosaces aux angles sur les plats, doubl. et gardes de moire bleue, dent. int., tr. dor. (*Rel. de l'époque*).

Jolie édition, précédée d'une notice sur le caractère et les écrits de La Rochefoucauld, par Suard. Elle offre le texte de 1678, complété par les maximes que La Rochefoucauld avait rejetées.
Bel exemplaire dans une jolie et fraîche reliure de l'époque.

420. **Legouvé** (Gabriel). Le Mérite des Femmes, poëme... *De l'imp. de P. Didot l'aîné, à Paris, chez Louis*, an IX (1801) ; in-12, mar. citron jans., dent. int., tr. dor. sur fausses marges. (*Cuzin*).

Edition ornée de 2 figures par *Isabey*, gravées par *Duplessi-Bertaux*.
Exemplaire sur papier vélin fin, relié sur brochure, auquel on a ajouté :
1° 1 figure par *Moreau*, gravée par *De Ghendt*, pour l'édition Renouard, 1809, en 3 états : eau-forte pure et avant la lettre, sur blanc, et avec la lettre, sur papier de Chine teinté ;
2° 1 figure par *Desenne*, gravée par *De Villiers frères*, également en 3 états : avant et avec la lettre, sur blanc et avec la lettre, sur papier de Chine teinté ;
3° 1 vignette par *Moreau*, gravée par *Bosq*, pour l'édition Renouard, 1818, avant la lettre, sur Chine volant.

421. [**Lépicié** (Bernard)]. Vie des premiers peintres du Roi depuis M. Le Brun, jusqu'à présent. *Paris*, *Durand et Pissot*, 1752 ; 2 tom. en 1 vol. in-12, mar. rouge, dos sans nerfs orné aux petits fers, 3 fil. dor. sur les plats, pet. dent. int., tr. dor. (*Rel. de l'époque*).

Biographies de Le Brun, Coypel, Mignard et Le Moyne, par Desportes et le comte de Caylus ; vie de Boulogne, par Watelet. Elles sont précédées d'un Discours préliminaire par Desportes.

Bel exemplaire relié par Derome, portant, sur le premier plat, cette inscription en lettres d'or « *Le marquis d'Estampes* ».

Des bibliothèques du comte de La Bédoyère et Robert Hoe, avec leur ex-libris.

422. **Livres classiques** (Les) de l'empire de la Chine, recueillis par le Père Noël, précédés d'observations sur l'origine, la nature et les effets de la philosophie morale et politique dans cet empire (par l'abbé Pluquet). *A Paris*, *chez De Bure*..., 1784 ; 2 vol. in-18, mar. vert, dos sans nerfs orné, fil. sur les plats avec rosaces aux angles, dent. int., tr. dor. (*Rel. de l'époque*).

Jolie impression de Didot.

Charmant exemplaire, recouvert d'une jolie et fraîche reliure de DEROME.

423. **LOCKE** (John). **Essai philosophique** concernant l'entendement humain, où l'on montre quelle est l'étendue de nos connaissances certaines et la manière dont nous y parvenons. Traduit de l'anglois de M. Locke par Pierre Coste.... *Suivant la copie imprimée à Amsterdam*, *chez Henri Schelte*, 1723 ; in-4, mar. vert, dos orné de pièces d'armes, dentelles et petits fers et pièce de titre de mar. orange, comp. de fil. et large dentelle aux petits fers encadrant les plats avec soleils et guirlandes aux angles, doubl. et gardes de papier peint à fleurs, dent. int., tr. dor. (*Rel. de l'époque*).

Edition revue, corrigée et augmentée par l'auteur.

SUPERBE RELIURE AUX ARMES DU COMTE DE PEMBROKE ET MONTGOMERY, BARON HERBERT DE CARDIFF, auquel cette traduction est dédiée. Le dos et la dentelle des plats sont décorés de ses pièces d'armes ; les fers sont très beaux (petites taches et déchirure au titre).

424. **Loménie de Brienne** (le comte H.-A.). Mémoires du comte de Brienne, ministre et premier secrétaire d'Etat, contenant les événemens les plus remarquables du règne de Louis XIII et de celui de Louis XIV, jusqu'à la mort du cardinal Mazarin. Composés pour l'instruction de ses enfans. *Amsterdam*, *J.-F. Bernard*, 1719 ; 3 vol. in-8, mar. rouge, dos orné aux petits fers, fil. sur les plats, dent. int., tr. dor. (*Thibaron*).

PREMIÈRE ÉDITION faite sur les Mémoires manuscrits laissés par le comte Henri-Auguste Loménie de Brienne, célèbre ministre d'Etat sous Louis XIV. L'éditeur a fait des additions à ces Mémoires et y a joint des notes qui composent le 3e volume et l'étendent jusqu'à l'année 1681.

425. **Longus**. Les Amours pastorales de Daphnis et de Chloé, traduites du grec de Longus, par Amyot. *A Paris, de l'imp. de Didot l'aîné*, 1780 ; 200 pp. — Ismène et Isménias, roman grec. *Ibid.*, *id.*, 1780 ; 125 pp. — Ens. 2 ouvr. en 1 vol. pet. in-12, demi-rel. mar. vert foncé avec coins, dos et plats ornés de fil., non rog.

De la *Collection du comte d'Artois*.

426. **Longus**. Les Amours pastorales de Daphnis et de Chloé, traduites du grec de Longus par Amyot. *A Paris, imprimé par P. Didot l'aîné*, an VIII, (1800) ; in-18, mar. La Vallière, dos orné avec pièces de titre vertes, 3 fil. dor., dent. int., tr. dor. (*Chambolle-Duru*).

Très jolie édition, qui fait partie de l'*Ornement des petites bibliothèques*, collection de romans et ouvrages choisis en vers et en prose, entreprise par Didot, mais qui ne semble pas avoir été continuée.

Bel exemplaire imprimé sur papier vélin dans une élégante reliure de Chambolle-Duru.

426. — *Le même ouvrage*, même édition, même papier ; in-18, mar. vert, fil. à froid sur le dos et les plats, dent. int., tr. dor. (*Rel. mod.*).

427. **Mackenzie** (Alexandre). Voyages d'Alexandre Mackenzie dans l'intérieur de l'Amérique septentrionale faits en 1789, 1792 et 1793... précédés d'un tableau historique et politique sur le commerce des pelleteries dans le Canada. Traduits de l'anglais par J. Castéra. *Paris, Dentu*, an X-1802 ; 3 vol. in-8, veau marb., dos sans nerfs orné, tr. mouchetées. (*Rel. anc.*).

La meilleure des traductions françaises de cette relation, ornée d'un portrait de Mackenzie d'après *Laurence*, gravé par *Adam*, et de 3 grandes cartes repliées, représentant les itinéraires suivis par Mackenzie.

428. **Marivaux**. Les Fausses Confidences, comédie de Monsieur de Marivaux. Représentée par les Comédiens Italiens ordinaires du Roi. *A Paris, chez Prault père*, 1738 ; in-12 de 2 ff. prélim. non chiff., 131 pp. et 4 ff. non chiff., pour le catalogue de Prault, mar. rouge foncé jans., dent. int., tr. dor. (*Noulhac*).

Édition originale. — Cette charmante pièce, en trois actes, en prose, avait été représentée pour la première fois le 16 mars 1737 par la troupe de la Comédie Italienne.

Bel exemplaire. — Haut. : 164 mill. 1/2.

429. **Massillon** (J.-Bapt.). Sermons de M. Massillon, évêque de Clermont, ci-devant prêtre de l'Oratoire, l'un des Quarante de l'Académie Françoise. *Paris, Vve Estienne et fils*, 1745 ; in-12, mar. rouge. fil. à froid sur le dos et les plats, dent. int., tr. dor. (*Rel. de l'époque*).

Recueil des plus célèbres sermons de Massillon.

Ce volume, dont le faux-titre porte *Petit Carême*, est une partie complète de la première édition collective des Sermons, 1745-1749 ; en 15 vol. in-12.
Bel exemplaire en reliure de l'époque, portant sur le feuillet de garde, cette mention manuscrite : « *Donné par son ami et très humble serviteur J. Techener* ».
Ex-libris Robert Hoe.

430. [**Menon**]. Les Soupers de la Cour, ou l'art de travailler toutes sortes d'alimens pour servir les meilleures tables, suivant les quatre saisons. *A Paris, chez Guillyn*, 1755 ; 4 vol. in-12, mar. rouge jans., large dent. int., tr. dor. (*Belz-Niédrée*).

Édition originale de l'ouvrage capital du célèbre écrivain culinaire et savant gastronome du XVIIIe siècle.
Très bel exemplaire, dans une jolie reliure de Belz-Niédrée.
Ex-libris Robert Hoe.

431. **Montesquieu** (Ch. Secondat, baron de La Brede et de). Considérations sur les causes de la grandeur des Romains et de leur décadence. *Paris, P.-M. Huart et J. Clousier*, 1735 ; in-12, mar. La Vallière jans., large dent. int., tr. dor. (*Trautz-Bauzonnet*).

Seconde édition, avec corrections.
Bel exemplaire, contenant un portrait en médaillon d'après *Dassier*, gravé par *Benoist*, ajouté, dans une jolie reliure de Trautz-Bauzonnet.
Ex-libris de Saint-Geniès.

432. **Montesquieu** (Ch. Secondat, baron de La Brede et de). Lettres persanes. *A Dijon, de l'imp. de L.-N. Frantin*, 1797 ; 3 vol. in-12, demi-rel. mar. brun, tr. marb.

Excellente édition bien imprimée sur papier vélin fin.
Exemplaire auquel on a ajouté le portrait-frontispice dessiné par *Eisen* et gravé par *Le Mire* pour le *Temple de Gnide*, édition de 1772.

433. **Moralistes anciens** (Collection des), dédiée au Roi. *A Paris, chez Didot l'aîné et de Bure l'aîné*, 1782 ; 5 vol. pet. in-12, mar. rouge, dos sans nerfs orné de fleurons et rosaces, 3 fil. et rosaces sur les plats, pet. dent. int., tr. dor. (*Rel. de l'époque*).

Pensées morales de divers auteurs chinois, recueillies et traduites du latin et du russe par M. Levesque, 1 vol. — Pensées morales de Confucius (avec la vie de Confucius et la philosophie des Chinois), recueillies et traduites du latin par le même, 1 vol. — Discours préliminaire pour servir d'introduction à la morale de Sénèque, 1 vol. — Morale de Sénèque, extraite de ses œuvres, par M. N. (Naigeon), 2 vol.
Jolies reliures de Derome.

434. — *De la même Collection*. — Manuel d'Epictète, 1 vol. — Pensées morales de Confucius, 1 vol. *A Paris, chez Didot l'aîné et De Bure l'aîné*, 1782 ; ens. 2 ouvr. en 1 vol. in-18, mar. vert, dos sans nerfs orné aux petits fers, fil. sur les plats, dent. int., tr. dor. (*Rel. de l'époque*).

435. — *De la même Collection.* — Pensées morales d'Isocrate, extraites de ses œuvres, et traduites par M. l'abbé Auger. *A Paris, chez Didot l'aîné et De Bure l'aîné*, 1782 ; in-18, mar. rouge, dos sans nerfs orné, fil. sur les plats, dent. int., tr. dor. (*Rel. de l'époque*).

Charmant exemplaire, sauf un léger défaut au faux-titre.

436. — *De la même Collection.* — Sentences de Théognis, de Phocylide, de Pythagore et des sages de la Grèce, recueillies et traduites par M. Levesque. *Paris, Didot et De Bure*, 1783 ; in-18, mar. rouge, dos sans nerfs orné de fil. et fleurons dor., avec bande de mar. olive portant le titre en long., fil. sur les plats, dent. int., tr. dor. (*Rel. anc.*).

Joli exemplaire.

437. — *De la même Collection.* — Caractères de Théophraste, et Pensées morales de Ménandre, traduits par M. Levesque. *A Paris, chez Didot l'aîné, et De Bure l'aîné*, 1782 ; in-18, mar. vert, dos sans nerfs orné, fil. dor. avec rosaces aux angles, sur les plats, dent. int., tr. dor. (*Rel. de l'époque*).

Jolie et fraîche reliure de Derome.

438. **Novelle** scelte rarissime stampate a spese di XL Amatori. *Londra, presso di R. Triphook, dalla stamperia di T. Bensley*, 1814 ; in-8, mar. olive, dos et plats couverts de médaillons renfermant des fleurs entourés de guirlandes de feuillage, comp. de fil. et dentelles de feuillage, très large dent. int. formée de motifs de fleurs et feuillage posés aux petits fers, doubl. et gardes de vélin blanc, tr. dor. (*Ch. Lewis*).

Ce recueil de nouvelles contient : 1° *Novella di Lionora de' Bardi* ; 8 ff. prélim. et 37 pp. — 2° *Le amorose novelle di M. Gustiniano Nelli* ; 4 ff. prélim. et 61 pp. — *Itoria d ll' infelice innamoramento di Gianfiore e Filomena* ; 2 ff. prélim. et 25 pp. — *Novelle tre dell'ingratitudine dell' avarizia e dell'eloquenzia attribuito a* M. Marco di Mantoua ; 2 ff. prélim. et 148 pp..

Très rare recueil tiré à 50 exemplaires seulement, tous sur beau papier de Hollande, avec titres ornés, en têtes et culs-de-lampe gravés sur bois.

Superbe exemplaire, recouvert d'une magnifique reliure richement ornée aux petits fers à l'imitation des reliures de Clovis Ève.

439. **OFFICE de la Semaine Sainte**, françois et latin, contenant le texte et les rubriques du messel et du breviaire romain, avec plusieurs saintes prières de l'Eglise et une table à la fin qui explique les mots et les cérémonies difficiles à entendre, par le sieur A. D. P. D. E. T. *A Paris, par la Société des Libraires*, 1729 ; in-12, mar. rouge, dos orné, avec pièce de titre verte, plats ornés de pièces de

mar. vert ornées de fil. courbes, guirlandes et rosaces, motifs de feuillage, milieux de mar. citron orné de fil. entrecroisés formant losanges, avec rosaces, pet. dent. int., tr. dor. (*Rel. de l'époque*).

Curieuse reliure mosaïquée du XVIIIe siècle. (Les gardes sont modernes).

440. **Parny** (Evariste). La Guerre des dieux anciens et modernes, poëme en dix chants ,par Evariste Parny. *Paris, Didot et Desenne*, an VII (1799) ; in-12 de 179 pp., mar. rouge, dos orné aux petits fers, fil. sur les plats, dent. int., tête dor., non rog. (*Bedford*).

ÉDITION ORIGINALE, COMPLÈTE ; elle est très recherchée, les éditions postérieures ayant subi des changements considérables.
Bel exemplaire non rogné.

441. **Parny** (Evariste). Œuvres, 4 vol. — La Guerre des Dieux, poème en dix chants, 1 vol. *Paris, Debray, de l'impr. de P. Didot*, 1808 ; ens. 5 vol. in-12, demi-rel. mar. bleu foncé à long grain avec coins, dos orné or et à froid, non rog. (*Simier, rel. du Roi*).

Exemplaire sur papier vélin, non rogné, dans une jolie demi-reliure de Simier.

442. [**Pidansat de Mairobert**]. Anecdotes sur Madame la comtesse Dubarri. *S. l.*, 1776 ; 2 vol. in-12, cart. bradel demi-perc. bleue, *non rog.*

Ces curieuses anecdotes ont été aussi attribuées à Ch. Théveneau de Morande.
Exemplaire non rogné.

443. **PLUTARQUE. Les Vies des hommes illustres**, traduites en français avec des remarques historiques et critiques par M. Dacier. Nouvelle édition, augmentée de plusieurs notes et d'un dixième tome (contenant les vies omises par Plutarque, trad. de l'anglais de Thomas Rowe par l'abbé Bellenger). *Amsterdam, Chatelain*, 1735 ; 10 vol., frontispices gravés par FOLKEMA d'après ELLIGER, et nombreux portraits hors texte. — Histoires de Philippe, roi de Macédoine, père d'Alexandre et de Scipion l'Africain (avec les observations du chevalier de Folard sur la bataille de Zama, pour servir de suite aux Hommes illustres de Plutarque, par l'abbé Séran de La Tour. *Paris, Briasson* [*et Didot*], 1740-1752 ; 2 vol. (le dernier vol. contient 2 grandes planches coloriées, se dépliant). — Ens. 12 vol. pet. in-8, mar. rouge, dos orné à la grotesque, avec pièces de titres bleues et citron, fil. et dent. aux petits fers sur les plats avec fleurons aux angles, dent. int., tr. dor. (*Rel. anc.*).

Il est rare de réunir cette collection ainsi complète.
Superbes exemplaires entièrement réglés, dans une très jolie reliure de PASDELOUP, de toute fraîcheur.

444. **Pope** (Alexandre). The Dunciad, in four books. Printed according to the complete Copy found in the Year 1742. With the Prolegomena of Scriblerus, and Notes Variorum. To which are added, Several Notes now first published, the Hypercritics of Aristarchus, and his *Dissertation* on the Hero of the Poem. *London, printed for M. Cooper*, 1743 ; in-4, mar. rouge, dos orné aux petits fers, fil. et large dent. aux petits fers encadrant les plats, fil., dent. int., tête dor., non rog. (*The Club Bindery*).

Première édition complète de ce célèbre poème satirique, remanié par Pope. C'est dans cette édition que Ciber, le poète lauréat de l'époque, remplace Théobald l'éditeur de Shakespeare, comme roi des sots. Elle contient une liste des auteurs et personnages, héros de la satire.

Superbe exemplaire non rogné, provenant de la bibliothèque de Robert Hoe, avec son ex-libris et portant, sur la garde, cette note de lui : « *R » of Thom's list* ».

445. **Prèmontval** (André-Pierre Le Guay, dit de). Le Diogène de d'Alembert, ou Diogène décent : pensées libres sur l'homme et sur les principaux objets des conoissances de l'Home (*sic*), par M. de Prémontval. *A Berlin, par souscription*, 1754 ; 2 part. en 1 vol. pet. in-8, mar. rouge, dos sans nerfs orné de fil. et rosaces, 3 fil. sur les plats, dent. int., tr. dor. (*Rel. de l'époque*).

Edition originale. — La seconde partie a pour titre : De Dieu et de la religion. *A Francfort*, 1754.

Bel exemplaire relié par Derome.

Ex-libris Robert Hoe.

446. **Quinault.** Le Théâtre de M. Quinault. Nouvelle édition augmentée et enrichie de figures en taille-douce. *A Amsterdam, chez Pierre de Coup*, 1715 ; 2 vol. pet. in-12, mar. bleu, dos orné, fil. sur les plats avec fleurons aux angles, dent. int., tr. dor. (*Petit*).

Contient :

I. La Mort de Cyrus. 1708. — Le Mariage de Cambise. 1708. — Le Feint Alcibiade. 1682. — Les Coups de l'Amour et de la Fortune. 1708. — Amalasonte, 1697. — Stratonice. 1708. — La Comédie sans comédie. 1714. — Le Fantosme amoureux. 1697.

II. La Généreuse ingratitude. 1697. — L'Amant indiscret. 1697. — Les Rivales. 1697. — Agrippa, roy d'Albe. 1697. — Bellerophon. 1688. — La Mère coquette. 1714. — Astrate, roy de Tyr. 1688. — Pausanias. 1697. (Willems, n° 1724).

Chacune de ces pièces a un titre et une pagination particuliers et est précédée, ainsi que chaque tome, d'un frontispice gravé.

On y a joint un recueil factice (sans titre général) comprenant les pièces suivantes de Quinault : Alceste, ou le Triomphe d'Alcide, tragédie ; 1683. — Les Festes de l'amour et de Bacchus, pastorale ; 1686. — Armide, tragédie en musique ; 1686. — Atys, tragédie en musique, ornée d'entrées de ballet (*sic*), de machines et de changements de théâtre ; 1687. — Cadmus et Hermione, tragédie en musique ; 1687. — Thésée, tragédie en musique ; 1688. — Psyché, tragédie ; 1688. [Chaque pièce a un titre particulier et une pagination séparée est également précédée d'un frontispice gravé (*Armide* n'en comporte pas)]. *Suivant la copie imprimée à Paris* [marque : le *Quærendo*] 1683-1688 ; 7 pièces en 1 vol., mêmes format et reliure.

447. **Racine** (Jean). Œuvres. Imprimé par ordre du Roi pour l'éducation de Mgr le Dauphin. *Paris, Didot l'aîné*, 1784 ; 5 vol. pet. in-12, mar. rouge à long grain, fil. dor. sur le dos et les plats, dent. int., tr. dor. (*Rel. de l'époque*).

Jolie édition devenue rare.
Exemplaire sur papier vélin.

448. [**Regnard** (J.-F.)] Attendez moy sous l'orme, comédie. *A Paris, chez Thomas Guillain*, 1694 ; 2 ff. prélim. et 48 pp. — La Sérénade, comédie. *Ibid., id.*, 1695 ; 2 ff. prélim. et 56 pp. — Ens. 2 pièces en 1 vol. in-12, mar. rouge jans., dent. int., tr. dor. (*Trautz-Bauzonnet*).

Editions originales.
Jolis exemplaires. — Haut. : 148 mill.

449. [**Regnard** (J.-F.)] Le Retour impréveu. Comédie. *A Paris, chez Pierre Ribou*, 1700 ; in-12 de 59 pp. chiff., y compris le titre et le privilège, la dernière page chiffrée par erreur 56, mar. rouge jans., dent. int., tr. dor. (*Rel. mod.*).

Edition originale.
Bel exemplaire, sauf une légère salissure au v° du dernier feuillet, dans une jolie reliure. — Haut. : 158 mill.

450. [**Restif de la Bretonne** (N.-E.)] Monsieur-Nicolas, ou le Cœur-humain dévoilé. Publié par lui-même (par Restif de la Bretonne). *Paris, imprimé à la maison* (*Vve Marion-Restif*), 1794-1797 ; 14 tom. en 7 vol. in-12, mar. rouge jans., large dent. int., tr. dor. (*Van Roosbroeck*).

Le plus célèbre ouvrage de Restif, ses propres « Mémoires », n'ayant d'analogues que les *Confessions* de J.-J. Rousseau ou les *Mémoires* de Casanova.
Edition originale, très rare, les 8 premières parties n'ayant été tirées qu'à 450 exemplaires et les autres à 200 exemplaires au plus. Les tomes XV et XVI qui peuvent être considérés comme indépendants du roman et comme un appendice manquent.
Bel exemplaire, sauf des mouillures aux tomes XI et XII, auquel on a joint le très beau portrait de Restif, par *Binet*, gravé par *Berthet* pour les *Nuits de Paris*.

451. **Rochefort** (Mme la comtesse de), depuis duchesse de Nivernois. Opuscules de divers genres... *A Paris, de l'impr. de Didot l'aîné*. 1784 ; in-18, mar. rouge, dos orné de rosaces et fil., fil. sur les plats avec rosaces aux angles, dent. int., tr. dor. (*Rel. de l'époque*).

Petit ouvrage rare, tiré à 50 exemplaires seulement.
Bel exemplaire, portant sur le faux-titre cette mention manuscrite : *Ce livre appartient à M. le Duc de Nivernois*.
Jolie et très fraîche reliure de Derome.
Ex-libris de La Bédoyère et Robert Hoe.

452. **Rousseau** (J.-B.). Œuvres diverses du sieur R**. *A Soleure, chez Ursus Heuberger*, 1712 ; in-12 de 2 ff. prélim., xxviii-318 pp.

et 2 ff. pour la table, mar. rouge jans., dent. int., tr. dor. (*Trautz-Bauzonnet*).

Édition originale de ce premier recueil.
Bel exemplaire dans une jolie reliure de Trautz-Bauzonnet, orné d'un portrait de l'auteur par *Fritzch*, ajouté.
Ex-libris Robert Hoe.

453. **Rousseau** (J.-J.). Discours sur l'origine et les fondemens de l'inégalité parmi les hommes, par Jean-Jaques Rousseau, citoyen de Genève. *A Amsterdam, chez Marc-Michel Rey*, 1755 ; in-8, titre rouge et noir, cart. bradel demi-perc. bleue, *non rog.*

Seconde édition de l'ouvrage le plus célèbre de Rousseau. Elle est ornée d'une vignette par *Fokke*, sur le titre, d'un frontispice par *Eisen*, gravé par *Sornique*, et d'un fleuron en tête de la dédicace (armes de la République de Genève), par *Fokke*.
Bel exemplaire non rogné.

454. **Rousseau** (J.-J.). Du Contrat social, ou principes du droit politique, par J.-J. Rousseau, citoyen de Genève. *Amsterdam, Marc-Michel Rey*, 1763 ; in-12, veau marb., dos sans nerfs orné et armorié, avec pièces de titre rouges et olive, tr. rouges. (*Rel. de l'époque*).

L'édition originale avait paru l'année précédente, chez le même éditeur.
Le dos porte les armes de Bussy de Chantemesle.

455. **Rousseau** (J.-J.). Emile, ou de l'éducation, par J.-J. Rousseau, citoyen de Genève. *A La Haye, chez Jean Néaulme*, 1762 ; 4 vol. in-8, veau brun, fil. dor. sur le dos et les plats, tr. rouges. (*Rel. de l'époque*).

Édition originale, ornée de 5 figures par *Eisen*, gravées par *Legrand, De Longueil* et *Pasquier*.
Bel exemplaire portant, collé sur chaque titre, l'ex-libris (étiquette), de Le Couvreur de Boulinviler.

456. **Saint-Pierre** (Bernardin de). La Chaumière indienne, suivie du Café de Surate et du Voyage en Silésie. *A Paris, de l'Imp. de P. Didot l'aîné*, 1807 ; in-18, mar. rouge à long grain, dos orné d'arcs, carquois et flèches, dent. dor. sur les plats, dent. int., tr. dor. (*Rel. anc.*).

Bel exemplaire imprimé sur papier vélin auquel on a ajouté 1 figure de *Desenne*, gravée par *Sixdeniers*.

457. **Salluste**. De la conjuration de Catilina et de la guerre de Jugurtha contre les Romains. Nouvellement traduit. Seconde édition augmentée de deux discours du même auteur touchant le gouvernement de la République. Dédié à Mgr le chevalier d'Orléans,

général des Galères de France. Par M. l'abbé Le Masson. *Paris, Joseph Monge*, 1717 ; in-12, mar. rouge, dos orné aux petits fers et au pointillé, fil. sur les plats, dent. int., tr. dor. (*Rel. de l'époque*).

Exemplaire de dédicace, AUX ARMES DU CHEVALIER JEAN-PHILIPPE D'ORLÉANS, fils naturel du Régent, général des galères de France.

458. **Solis** (Antoine de). Histoire de la conquête du Mexique, ou de la Nouvelle Espagne par Fernand Cortez, traduite de l'espagnol de Dom Antoine de Solis, par l'auteur du Triumvirat (Bon-André, comte de Broé, seigneur de Citri et de la Guette). *Paris*, 1759 ; 2 vol. in-12, mar. rouge, dos orné avec pièces de titre mar. vertes, fil. sur les plats et milieux armoriés, pet. dent. int., tr. dor. (*Rel. de l'époque*).

Une des meilleures éditions de cette épopée dramatique du célèbre historien espagnol surnommé le Quinte Curce d'Espagne. Elle est ornée de 12 belles planches repliées : vues du Mexique, scènes de mœurs de guerre, du culte, plans, etc.

Précieux exemplaire AUX ARMES DU ROI LOUIS XV. — Petite déchirure aux pp. 215-216.

459. [**Sterne** (Laurence)]. A Sentimental Journey through France and Italy, by Mr Yorick. A new edition. *London, printed by A. Strahan...*, 1790 ; in-12, mar. rouge à long grain, dos couvert d'ornements aux petits fers et au pointillé, large dentelle à petits fers formée de fleurs, feuillage, volutes et pointillé d'or encadrant les plats, large dent. int. dor. (*Rel. anglaise de l'époque*).

Jolie édition.

Bel exemplaire imprimé sur papier vélin, auquel on a ajouté 2 figures par *Edwards*, gravées par *Tomkins*, remargées à châssis.

Provient des bibliothèques De Bure, comte de La Bédoyère et Robert Hoe, avec l'ex-libris de ces deux derniers bibliophiles.

Charmante reliure.

460. **Straparole.** Les Facecieuses Nuicts du seigneur Straparole. *S. l.* (1726) ; 2 vol. pet. in-12, mar. bleu, dos orné aux petits fers, fil. sur les plats, dent. int., tr. dor. (*David*).

Jolie édition de la traduction de J. Louveau et Pierre de Larivey. Plus belle que celle d'Amsterdam, 1725, qu'elle reproduit, elle est précédée d'une préface de Bernard de La Monnoye et renferme des notes du poète Lainez. Elle a été publiée à Paris par les libraires Guérin et Boudot.

Bel exemplaire. — Ex-libris Robert Hoe.

461. **Tencin** (Mme de). Le Siège de Calais. Nouvelle historique. *A Paris, de l'imp. Didot l'aîné*, 1781 ; 2 part. en 1 vol. pet. in-12, demi-rel. chag. vert avec coins, dos et plats orné de fil., non rog.

De la *Collection du Comte d'Artois*.

462. **Thucydide**. Histoire de la guerre du Peloponese, continuée par Xenophon. De la traduction de Nicolas Perrot, sieur d'Ablancourt. *Paris*, *Clousier*, 1714 ; 3 vol. in-12, veau fauve, dos orné avec chiffre et pièces de titre rouges et vert, 3 fil. sur les plats, tr. mouchetées. (*Rel. de l'époque*).

Exemplaire ayant appartenu à l'abbé Jean-Paul Bignon, le célèbre bibliophile qui fut bibliothécaire du roi et qui, à son entrée en fonctions, se défit de sa bibliothèque pour se consacrer exclusivement à celle dont la garde lui était confiée ; la reliure porte, sur les plats, son estampille frappée en or dans un cartouche orné, et, au dos, son chiffre formé de deux B adossés.

Ex-libris H. Destailleur.

463. **Vie du maréchal duc de Villars**, de l'Académie Françoise, membre du Conseil de Régence, président du Conseil de Régence, Ministre d'Etat, Maréchal-Général, des Camps et Armées, etc. écrite par lui-même et donnée au public par M. Anquetil... *Paris*, *Moutard*, 1784 ; 4 vol. in-12, mar. rouge jans., dent. int., tr. dor. (*Rel. mod.*).

Cet ouvrage reproduit non seulement une partie de la correspondance militaire de Villars déposée aux Archives, travail entrepris par L.-P. Anquetil sur la demande du maréchal de Castries, mais encore un journal du maréchal de Villars rédigé par lui-même. Il est orné d'un portrait gravé par *N. Thomas* et de 4 grandes planches repliées.

Très bel exemplaire.

464. **Voltaire**. Œdipe. Tragédie, par Monsieur de Voltaire (suivi de lettres écrites par l'auteur, qui contiennent la critique de l'Œdipe, de Sophocle, de celui de Corneille et du sien). *Paris*, *chez Pierre Ribon*, *Pierre Huet*..., 1719 ; in-8 de 4 ff. prél. non ch. et 131 pp. mar. rouge, dos et plats ornés de fil. à froid, dent. int., tr. dor. (*Duru*).

Edition originale.

Exemplaire contenant les 10 pièces suivantes imprimées à Paris en 1719, ajoutées : Lettre critique sur la nouvelle tragédie d'Œdipe (par le P. Melchior de Folard). *J. Mongé*, 1719 ; 30 pp. et 1 f. pour l'approbation. — Lettre à M. de Voltaire sur la nouvelle tragédie d'Œdipe. *Ch. Guillaume*, 1719 ; 36 pp. — Critique de l'Œdipe de M. de Voltaire, par M. Le G. (Marc-Antoine Le Grand). *Gandouin*, 1719 ; 36 pp. — Apologie de la nouvelle tragédie d'Œdipe par M. Mannory. *Huet*, 1719 ; 24 pp. — Réponse à l'apologie du nouvel Œdipe par M. M***. *Trabouillet*, 1719 ; 24 pp. — Lettre d'un gentilhomme suédois à M***, Maistre de la langue françoise, sur la nouvelle tragédie d'Œdipe. *Cailleau*, 1719 ; 17 pp. — Réfutation de la lettre du gentilhomme suédois sur la nouvelle tragédie d'Œdipe. A Monsieur *** ancien avocat au Parlement. Par Monsieur D*** *Jollet* et *Lamesle*, 1719 ; 29 pp. — Lettre d'un abbé à un gentilhomme de province, contenant des observations sur le stile et les pensées de la nouvelle Tragédie d'Œdipe et des réflexions sur la dernière lettre de M. de Voltaire. *Mongé*, 1719 ; 23 pp. — Journal satirique intercepté, ou Apologie de Monsieur Arrouet de Voltaire et de Monsieur Houdart de La Motte par le sieur Bourguignon. *S. l.*, 1719 ; 48 pp. — Apologie de Sophocle, ou remarques sur la troisième lettre critique de M. de Voltaire (par Claude Capperonnier). *Coustelier*, 1719 31 pp.

465. [**Voltaire**]. Candide, ou l'optimisme, traduit de l'allemand de M. le Docteur Ralph. (*S. l.*), 1759 ; in-12 de 237 pp. plus 3 pp. non

chiff. pour la table, mar. vert, dos orné aux petits fers, fil. sur les plats dent. int., tr. dor. (*Allô*).

Edition rare, parue la même année que l'originale et recherchée pour son exécution supérieure à celle de l'édition en 299 pp.
Bel exemplaire dans une jolie reliure de Allô.

466. [**Voltaire**]. L'Homme aux quarante écus. *A Genève*, 1768 ; in-8 de 2 ff. prélim. pour le titre et la table et 95 pp., mar. rouge, dos orné, fil. sur les plats, dent. int., entièrement non rogné. (*Rivière*).

Edition rare, non citée par Bengesco, parue la même année que l'édition originale.
Exemplaire non rogné, dans une belle reliure de Rivière, de Londres.
Ex-libris Robert Hoe.

467. **Voltaire**. Romans et contes, par M. de Voltaire. *A Paris, de l'impr. de Didot l'aîné*, 1780 ; 6 vol. pet. in-12, mar. rouge, dos et plats ornés de fil. à froid, dent. int. dor., tr. dor. (*Rel. de l'époque*).

De la *Collection du comte d'Artois*.
Jolie édition tirée à petit nombre.
Très bel exemplaire dans une reliure de Derome, de toute fraîcheur. Le dos de chaque volume est orné, en pied, d'une tour frappée en or.

468. **Xénophon**. Portrait de la condition des rois, dialogue de Xénophon intitulé Hiéron, traduit en françois par M. Coste ; la Retraite des dix mille de la traduction de N. Perrot d'Ablancourt ; les Choses mémorables de Socrate traduites par M. Charpentier, avec la vie de Socrate par le même M. Charpentier. *A Amsterdam, chez François L'Honoré et fils*, 1745 ; 2 vol. in-12, mar. vert, dos sans nerfs orné de fil., dent. et rosaces, 3 fil. sur les plats avec rosaces aux angles, dent. int., tr. dor. (*Rel. anc.*).

Traduction peu commune ornée d'un portrait de Xénophon gravé par Taujé, répété au deuxième volume et d'une carte se dépliant pour suivre la Retraite des Dix-Mille.
Jolie reliure de Derome.

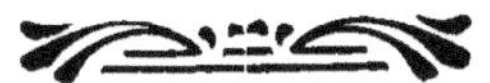

www.ingramcontent.com/pod-product-compliance
Lightning Source LLC
LaVergne TN
LVHW010611110826
845149LV00003B/862

* 9 7 8 2 3 2 9 2 0 7 4 2 1 *